浙江省普通本科高校"十四五"重点立项建设教材

普通高等教育质量管理工程专业系列教材

测量系统分析

主　编　项　荣
副主编　庞湘萍　何文辉
参　编　孙长敬　曾其勇　迟宝全　张庆民　潘承浩

机械工业出版社

本书主要阐述了测量系统分析的基本原理、理论基础、分析方法、应用指南及相关软件操作，包括当前较为常见的测量系统分析方法，如极差法、均值极差法和方差分析法等计量型测量系统分析方法，以及量具特性曲线、一致性分析和相关性分析等计数型测量系统分析方法。

本书可作为普通本科院校质量管理工程及相关专业的教材，也可作为从事质量管理与质量工程相关工作的管理人员和工程技术人员的参考书和培训用书。

本书配有电子课件，凡使用本书作为教材的教师可登录机械工业出版社教育服务网 www.cmpedu.com 注册后下载。咨询电话：010-88379534，微信号：jjj88379534，公众号：CMP-DGJN。

图书在版编目（CIP）数据

测量系统分析/项荣主编. —— 北京：机械工业出版社，2025.5. —— ISBN 978-7-111-78455-5

Ⅰ.P2

中国国家版本馆 CIP 数据核字第 2025JM2831 号

机械工业出版社（北京市百万庄大街 22 号　邮政编码 100037）

策划编辑：黄倩倩	责任编辑：黄倩倩　李　乐	
责任校对：甘慧彤　王小童　景　飞	封面设计：马若濛	
责任印制：张　博		

北京机工印刷厂有限公司印刷

2025 年 8 月第 1 版第 1 次印刷

184mm×260mm · 7.25 印张 · 172 千字

标准书号：ISBN 978-7-111-78455-5

定价：35.00 元

电话服务　　　　　　　　　　网络服务

客服电话：010-88361066　　机　工　官　网：www.cmpbook.com

010-88379833　　机　工　官　博：weibo.com/cmp1952

010-68326294　　金　书　网：www.golden-book.com

封底无防伪标均为盗版　　机工教育服务网：www.cmpedu.com

前　　言

党的二十大报告提出，教育、科技、人才是全面建设社会主义现代化国家的基础性、战略性支撑。本书的编写旨在贯彻落实国家科教兴国战略，培养高素质质量管理人才。

众所周知，质量管理的基础是数据。随着质量 4.0 时代的到来，数据在质量管理中显得越来越重要。数据来源于测量，然而，测量数据并非有了就好，或者测量数据越多越好。测量数据除有一定量的要求外，更为重要的是要有质量的保障。

测量系统分析是非常重要的质量分析手段，它是 ISO 9000 族标准推荐的 12 种统计技术之一，也是 IATF 16949 标准配套手册的主要内容之一。作为质量管理工程的五大工具之一，测量系统分析用于分析测量数据的质量，主要通过分析测量系统的各类变差与测量要求间的符合程度来分析测量系统质量，即测量数据质量的分析，其方法基础是统计学。

测量系统分析是质量管理工程专业的核心课程之一，前序课程包括"应用统计学""统计过程控制（SPC）"等。学生通过本课程的学习，可为后续"质量分析与改进""产品质量先期策划""质量工程综合课程设计"等课程的学习奠定基础，同时也可为今后从事测量误差分析、测量不确定度评定、测量系统分析与改进、质量分析与改进等质量管理工作储备必要的知识和技能。

本书同时面向质量管理工程专业的专科生、本科生，以及企业从事质量管理的工程技术人员和管理人员。因此，本书在内容安排上也考虑了读者不同的学习需求，按照组合式结构构建学习内容，包括方法基础、定义、分析指南和实例等组成部分，各组成部分可以按读者需要进行自由组合学习，以期达到可深入也可浅出，有理论也有实践的目的。为便于读者理解测量系统分析方法，本书将测量系统分析用到的统计理论、方法和技术（如控制图、假设检验、一元线性回归分析、方差分析、嵌套方差分析和多因子方差分析等）放在对应章节，作为学习相应测量系统分析方法的前置基础知识，并且将其用 * 号做标识。这些内容作为选修内容（可深入的内容，理论知识），若读者已具备相应统计方法基础，或只需掌握如何实际应用测量系统分析这一工具而无须深究测量系统分析的理论方法基础，则可忽略该部分内容。同时，为便于读者在生产实践中能够快速掌握如何应用测量系统分析这一工具，本书在各类测量系统分析方法介绍中，按照定义、指南（即测量系统分析方法的分析步骤，包括数据收集和数据分析两部分）、示例（包括详细的计算过程及 Minitab 操作）的逻辑进行内容安排，力求使读者理解测量系统分析各指标的含义（是什么？）、实施步骤（怎么做？），并通过实例进一步深入介绍测量系统分析的全过程（可浅出的内容，实操方法）。当然，读者若希望掌握各类测量系统分析方法的原理（为什么这么做？），建议同时学习小节中带 * 的选修内容。

在章节安排上，第 1 章介绍了测量系统分析的基本概念；第 2 章介绍了测量系统分

析的原理；第3章介绍了计量型测量系统分析的方法，包括稳定性、偏倚、线性、重复性和再现性分析；第4章介绍了计数型测量系统分析的方法，包括量具性能曲线、属性一致性分析；第5章介绍了复杂测量系统分析的方法，包括破坏性测量系统分析、多因子测量系统分析。另外，每个章节均设置了拓展阅读内容，此内容从该章核心知识点的本质内涵出发，用一句话进行概括，可帮助读者加深理解核心知识点，同时拓展其延伸内涵。

本书在编写过程中，参考了当前有关测量系统分析的著作和书籍，在此向相关作者表示感谢。经授权，本书中使用了部分 Minitab 软件中的数据集，并介绍了各类测量系统分析方法的 Minitab 软件操作流程、结果及解释，感谢 Minitab，LLC. 公司提供的帮助和支持。

由于编者能力和水平有限，书中难免存在错误或不当之处，敬请读者批评指正。编者联系方式：xr_rongge@ cjlu. edu. cn。

编　者

二维码清单

名称	图形	名称	图形
1　绪论		4.1　量具性能曲线	
2　测量系统分析原理		4.2.3　一致性检验	
3.1　稳定性分析		4.2.4　相关性检验	
3.2　偏倚分析		5.1　破坏性测量系统分析	
3.3　线性分析		5.2　多因子测量系统分析	
3.4　重复性和再现性分析			

目　　录

第1章

绪　论

【学习目标】

掌握：测量系统分析基本概念；测量系统分析内容。

熟悉：测量系统分析的背景与意义；测量系统分析来源。

了解：测量系统分析阶段、要求和应用。

绪论

1.1　背景与意义

国家要富强，质量要先行。21世纪是质量的世纪，高质量发展是当前实现我国现代化的必由之路。

质量管理的基础是数据。在日常生产中，我们经常根据获得的过程加工部件的测量数据去分析过程的状态、过程的能力和监控过程的变化，实现过程质量的控制。质量改进同样需要测量数据，通过测量数据分析，明确质量改进点。

在数字化改革大潮中，质量数据多元、异构，数据质量参差不齐。数据质量低，基于低质量数据所做出的质量决策的质量就低，反之，基于高质量数据的质量决策质量也高。因此，测量数据的质量至关重要。质量数据由测量获得，是测量过程的输出。数据质量低的普遍原因之一是变差太大。在统计技术中，将一切偏离期望称为"变异（Variation）"，也译为变差。一组数据中的变差大多是由测量系统与环境的相互作用造成的。如果相互作用产生的变差过大，测量系统的变差可能掩盖制造过程的变差，即制造过程变差已淹没在测量过程变差中，测量系统不适合用于所分析的制造过程，数据质量过低，从而造成测量数据无法使用。为确保数据质量，必须进行测量系统分析（Measurement System Analysis，MSA）。测量系统分析的应用状况是衡量供应商提供稳定的符合要求的产品的能力的重要参考指标。

测量系统分析的目的是确定所使用的数据是否可靠。同时，测量系统分析还可以评估新的测量仪器、将两种不同的测量方法进行比较、对可能存在问题的测量方法进行评估和确定并解决测量系统的误差问题等。

1.2　基本概念

1.2.1　测量

测量（Measurement）：给某具体事物赋予数字（或数值）以表示它们之间关于特定性的关系（C. Eisenhart，1963 年）。赋予数字的过程定义为测量过程，而数值的指定被定义为测量值。

量具：任何用来测量的装置，经常用来特指用在车间的测量装置，包括测量结果为"通过/不通过"的测量装置。

1.2.2　测量系统

测量系统即用来对测量单元进行量化或对被测的特性进行评估所使用的仪器或量具、标准、操作、方法、夹具、软件、人员、环境及假设的集合。

测量系统（Measuring System）的组成包括：

1）量具（测量仪器、测量设备等）。

2）测量人员。

3）被测量工件。

4）操作程序、软件、方法、标准。

5）测量环境。

6）上述交互作用关系。

一个确定的测量系统，其所有组成也是确定的。

1.2.3　测量系统分析

测量系统分析定义：对测量系统特性进行数据分析，以检查其满足测量要求的能力。测量系统分析是以统计技术为主要方法，对测量系统的技术指标进行分析，进而判断测量系统优劣的一门应用技术学科。

可见，测量系统分析的方法是统计技术，测量系统分析的内容是对其技术指标进行分析，测量系统分析的目的是判断测量系统的优劣，即判断测量系统的质量。

1.3　测量系统分析来源

1.3.1　管理体系

管理体系是指组织建立方针和目标以及实现这些目标的过程的相互关联或相互作用的一组要素。管理体系要素规定了组织的机构、岗位和职责、策划、运行、方针、管理、规则、理念、目标，以及实现这些目标的过程。管理体系的范围可以是整个组织，也可以是某些职能或部门。

常见的管理体系见表 1-1。

表 1-1 常见管理体系

序号	名称	国际标准	国家标准
1	质量管理体系	ISO 9001：2015	GB/T 19001—2016
2	环境管理体系	ISO 14001：2015	GB/T 24001—2016
3	职业健康安全管理体系	ISO 45001：2018	GB/T 45001—2020
4	食品安全管理体系	ISO 22000：2018	GB/T 22000—2006
5	信息安全管理体系	ISO/IEC 27001：2022	GB/T 22080—2016
6	能源管理体系	ISO 50001：2018	GB/T 23331—2020

1.3.2 质量管理体系

质量管理体系是组织管理体系中有关质量的部分，用于组织建立质量方针和质量目标的管理，包括实现这些目标的过程和相互关联、相互作用的一组要素。1986 年 6 月 15 日，国际标准化组织（ISO）发布了第一个质量管理体系标准：ISO 8402《质量-术语》。1987 年 3 月，ISO 正式发布了 ISO 9000：1987、ISO 9001：1987、ISO 9002：1987、ISO 9003：1987、ISO 9004：1987，共 5 个国际标准，与 ISO 8402：1986 统称为"ISO 9000 系列标准"，也称为"ISO 9000 族标准"。ISO 9001：1987、ISO 9002：1987、ISO 9003：1987 后来合并为 ISO 9001 一个标准，当前最新版是 ISO 9001：2015。我国以等同采用的方式转化为我国国家标准，当前最新版为 GB/T 19001—2016。

1.3.3 QS 9000 及 VDA 6.1

QS 9000 是美国的三大汽车厂（通用汽车、福特汽车及克莱斯勒）制定的质量体系要求，定义了克莱斯勒（Chrysler）、福特（Ford）、通用（General Motors）及其他一些使用该系统的汽车行业的基础质量系统的要求。所有直接供应商都限期建立符合这一要求的质量体系，并通过认证。

VDA 6.1 是德国汽车工业联合会（VDA）制定的德国汽车工业质量标准的第一部分，即有形产品的质量管理体系审核，简称 VDA 6.1。该标准以 ISO 9001 为基础，适当增加了汽车工业实践的特殊要求。

1.3.4 IATF 16949：2016

IATF 16949：2016 的全名是汽车行业质量管理体系，即汽车生产件及相关服务件组织应用 ISO 9001：2015 的特别要求。IATF 16949 规定了汽车供应商的质量体系要求，用于汽车相关产品的设计/开发、生产、安装和服务。

IATF 16949 的发展历程如下：汽车供应商通过了 QS 9000 或 VDA 6.1 质量体系认证后，其证书在全世界范围内并不能得到所有国家的承认和认可且 QS 9000 和 VDA 6.1 均不是经 ISO 颁布发行的，为减少汽车供应商不必要的资源浪费并有利于汽车公司全球采购战略的实施，国际汽车特别工作组（IATF）以及 ISO/TC 176、质量管理和质量保证委员会及其分委员会的代表在 ISO 9001：1994 版质量管理体系的基础上结合 QS 9000、VDA 6.1、EAQF 94（法国）和 AVSQ 95（意大利）等质量管理体系的要求制定了 ISO/TS 16949 技术规范，并于 1999 年颁布发行，随后，为适应 ISO 9001 的修订，相继改版为 ISO/TS 16949：2002、

ISO/TS 16949：2009，以及 IATF 16949：2016。

需注意的是：QS 9000 和 IATF 16949 都是以 ISO 9001 为基础的。满足 ISO 900X 的要求是汽车行业质量管理体系认证的前提。

1.3.5　测量系统分析的提出

IATF 16949：2016 中的 7.1.5.1.1 条款明确提出了测量系统分析的要求，内容如下：

7.1.5.1.1　测量系统分析

应进行统计研究，分析每种测量和测试设备系统的结果中出现的变差。本要求适用于控制计划中引用的测量系统。分析方法和验收标准应符合测量系统分析参考手册（见附录 D）。如果顾客认可，其他分析方法和接受标准也可以使用，记录应保持顾客接受替代方法（见 9.1.1.1）。

此外，在 PPAP、APQP 及 SPC 手册中，均对 MSA 做出了明确的要求。

PPAP（生产件批准程序）手册规定：对新的或改进的量具、测量和试验设备应参考 MSA 手册进行变差研究。

APQP（产品质量先期策划）手册规定：MSA 为"产品/过程确认"阶段的输出之一。

SPC（统计过程控制）手册规定：MSA 为控制图必需的准备工作。

1.4　测量系统分析内容

1.4.1　测量系统的分类

按照测量系统的测量值属性进行分类，测量系统可分为：计量型测量系统和计数型测量系统。

1.4.2　理想的测量系统

1）理想的测量系统在每次使用时应：

① 只产生正确的测量结果。

② 每次测量结果总应该与一个标准值相符。

2）计量型测量系统和计数型测量系统能产生理想测量结果应具有的特性如下：

① 计量型测量系统：零变差、零偏倚的统计特性。

② 计数型测量系统：所测任何产品的错误分类概率为零的统计特性。

1.4.3　测量系统的统计特性

在实际应用中，理想的测量系统是不存在的。我们期望测量系统具有的零变差和零偏倚，获得正确测量结果的特性，称为测量系统的统计特性。

测量目的不同，对测量系统统计特性的要求也相应不同。测量系统应具备的基本统计特性如下：

1）统计稳态：测量系统必须处于统计控制中，这意味着测量系统中的变差只能是由于普通原因而不是特殊原因造成的，这可称为统计稳定性。

2）**足够的分辨率**：测量变差应小于过程变差和公差带两者中变差较小者，一般来说，测量变差是过程变差和公差带两者中变差较小者的十分之一，即应满足 10:1 的规则。

3）**较小的系统变差**：系统变差至少应小于公差规范限值或过程变差。

1.4.4　测量系统分析的内容

测量系统分析通常是使用测量数据的统计特性来衡量测量系统的质量。**测量数据的统计特性分析主要从准确度和精密度两方面进行分析**。准确度指测量值与基准值的偏离程度。精密度指测量值的离散度。

根据测量系统分析时是否可以对同一个零件进行重复测量，测量系统分析可分为简单测量系统分析和复杂测量系统分析。简单测量系统分析用于可重复测量的场合，复杂测量系统分析用于破坏性测量场合。

根据测量系统输出的测量值是否连续，简单测量系统分析可分为计量型测量系统分析和计数型测量系统分析。其中，计量型测量系统分析用于输出连续变化测量值的计量型测量系统，计数型测量系统分析用于输出离散测量值的计数型测量系统。

根据测量值的变差类型不同，计量型测量系统分析可分为准确度分析和精密度分析，又称为位置变差分析和宽度变差分析。准确度分析包括稳定性分析、偏倚分析、线性分析等。精密度分析包括重复性分析和再现性分析等。

根据进行的测量是物理测量还是主观分类，计数型测量系统分析可分为基于量具性能曲线（GPC）的计数型测量系统分析及基于属性一致性分析的计数型测量系统分析，前者用于物理测量场合，后者用于主观分类场合。

1.5　测量系统分析阶段

测量系统分析的评定通常分为两个阶段：

第一阶段：分析阶段，目的是验证测量系统是否满足其设计规范要求。主要包括：

1）确定该测量系统是否具有所需要的统计特性，此项必须在使用前进行。

2）发现哪种环境因素对测量系统有显著的影响，例如温度、湿度等，以决定其使用的空间及环境。

第二阶段：控制阶段，目的是在验证一个测量系统一旦被认为是可行的，是否持续具有恰当的统计特性。

1.6　测量系统分析要求

1）**量具**：拟执行测量系统分析的量具必须经过计量确认合格，同时其分辨率应至少能直接读取被测特性预期变差的 1/10。

2）**评价人**：即测量人员。执行测量作业的人员均应经过必要的量具使用和维护训练，避免出现因人员错误操作造成测量误差。

3）**编制测量系统分析计划**：在计划中需要明确所要进行分析的量具以及评价人、开始日期和预计完成日期等。

6

4）测量过程为盲测：最大可能地减少评价人在测量过程中的主观影响。

1.7　测量系统分析应用

1.7.1　测量系统分析应用的时机

什么时候需要进行测量系统分析？简单地说是当测量系统及其组成是新的或发生变化时，需要进行测量系统分析。常见的测量系统分析时机包括：

1）新生产的产品，PV（零件-零件间变差，即产品特性的预期制造过程分布范围，按99.73%置信区间，为$6\sigma_p$）有不同时。

2）新仪器，EV（量具-重复性，按99.73%置信区间，为$6\sigma_e$）有不同时。

3）新操作人员，AV（评价人-再现性，按99.73%置信区间，为$6\sigma_o$）有不同时。

4）易损耗之仪器必须注意其分析频率。

1.7.2　测量系统分析应用的场合

测量系统分析应用的场合包括：测量变差分析、制造过程分析与控制、产品比对测试、测量系统选用、变差源分离和量化、测量系统改进。具体如下：

1）用于生产现场（如车间环境）测量变差分析。

2）用于制造过程分析（如确定制造过程能力）。

3）用于制造过程控制（如使用计量型常规控制图对制造过程进行控制）。

4）用于产品检验、比对测试。

5）用于选择新测量设备（仪器、量具）。

6）用于评价在用测量系统是否可继续使用。

7）用于分离并量化测量变差来源。

8）用于为维修、校准测量设备提供依据。

拓展阅读

"为人诚信"

数据质量分析的前提是数据是真实的。数据不真实，进行数据质量分析没有任何意义，基于数据质量分析结论进行的质量决策也就失去了客观依据。

为人处世同样如此，必须要讲诚信。诚信是为人处世的根本，不诚信将失去信任的基础，而信任是开展合作的前提。

思考与练习

1-1　测量系统分析的目的是什么？

1-2　试述测量、测量过程、量具、测量系统、测量系统分析的定义。

1-3 测量系统分析与 IATF 16949 的关系是什么？

1-4 测量系统的类别有哪些？

1-5 理想的测量系统应具备哪些特征？

1-6 计量型测量系统分析、计数型测量系统分析的内容分别包括哪些？

1-7 试列举测量系统分析应用的典型时机和场合。

第2章

测量系统分析原理

【学习目标】

掌握：测量系统分析原理。
熟悉：测量系统变差来源。
了解：测量系统变差类型。

测量系统分析原理

2.1　测量系统变差来源

影响产品质量特征值变异的六个基本质量因素：人、机器、材料、方法、环境和测量（5M1E）。测量系统相对应的过程是测量过程，其变差来源为：人、机器、材料、方法、环境。"人"指评价人，"机"指量具，"料"指被测零件，"法"指测量方法，"环"指测量环境。

对于测量系统变差来源的分析，可采用因果图进行分析，如图2-1所示。

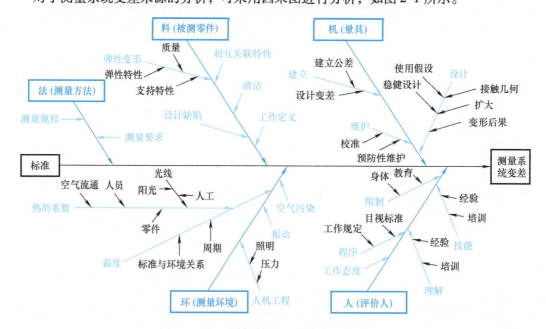

图2-1　基于因果图的测量系统变差来源分析

2.2　测量系统变差类型

2.2.1　位置变差

位置变差（Location variation）反映了测量值相对于基准值的位置偏离程度。

（1）偏倚（Bias）　指对相同零件的同一特性的观测平均值与真值（参考值）的差异。其值等于同一测量人员，采用同一量具，多次测量同一零件的同一质量特性，所得测量值平均值与采用更精密的量具（至少高一个精度等级），测量同一零件的同一质量特性，所得测量值的平均值之差，即测量结果的观测平均值与基准值的差值，也就是我们通常所称的"准确度"（Accuracy），如图 2-2 所示。

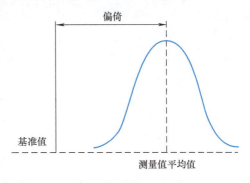

图 2-2　偏倚定义

（2）稳定性（Stability）　指经过一段长期时间，用相同的测量系统对同一基准或零件的同一特性进行测量所获得的总变差，即随时间变化的偏倚值。反映偏倚在某段持续时间内的变化量，如图 2-3 所示。

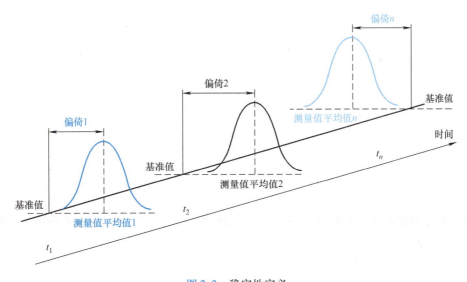

图 2-3　稳定性定义

（3）线性（Linearity）　指在量具预期的工作（测量）量程内偏倚值的差异，即在某量具工作量程范围内（即制造过程变差所覆盖的范围）测量不同基准或零件的同一特性时获得的测量值的总变差。反映偏倚在量具工作量程内的变化量，如图 2-4 所示。

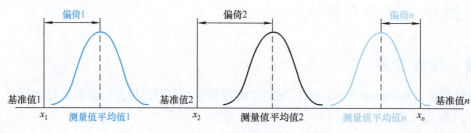

图 2-4　线性定义

2.2.2　宽度变差

宽度变差（Width variation）反映了测量值的分散程度。

（1）重复性（Repeatability）　指一个评价人使用相同的测量仪器，对同一零件的同一特性进行多次测量所得的测量变差。重复性反映系统内部的变差，如图 2-5 所示。

（2）一致性（Consistency）　指测量系统随着时间变化测量变差的差值。一致性反映重复性随时间变化的程度。

（3）均一性（Uniformity）　指量具整个工作量程内变差的差值。反映在正常工作范围内重复性的变化，即不同的量程大小下重复性的同质性（相同性）。

（4）再现性（Reproducibility）　指不同评价人使用相同的测量仪器，对同一零件的同一特性进行测量所得的平均值的变差。再现性反映测量人员造成的变差，如图 2-6 所示。

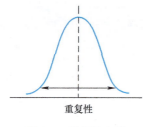

图 2-5　重复性定义

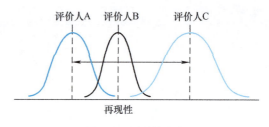

图 2-6　再现性定义

（5）测量系统变差（GR&R 或 R&R）　指重复性变差和再现性变差的合成。反映测量过程造成的变差。

（6）零件间变差（Part variation）　指同一测量人员，使用相同的量具，测量不同零件的同一特性时获得的测量值的变差。反映被测零件造成的变差，即制造过程造成的变差。

（7）交互作用变差（Interaction variation）　如人、料交互作用变差，指测量人员和被测零件交互作用造成的测量值的变差。

（8）总变差（Total variation）　指测量值的总变差。反映测量过程变差和制造过程造成的变差的合成。

上述宽度变差中，常见的变差类型及其符号表示见表 2-1。

表 2-1　测量系统常见的变差类型及符号表示

变差类型	σ（标准差）	5.15σ（变差） 99%置信区间	σ^2（方差）
量具（重复性）	σ_e	EV	σ_e^2
评价人（再现性）	σ_o	AV	σ_o^2
人、料交互作用	/	/	/
以上三项综合	σ_m	R&R	σ_m^2
零件间	σ_p	PV	σ_p^2
总变差	σ_t	TV	σ_t^2

2.3　测量系统分析原理

2.3.1　测量系统分析基本原理

测量系统分析的基本原理如图 2-7 所示。

测量过程的输入是测量系统的各个组成要素，包括测量人员、量具、被测零件、测量方法和测量环境。测量过程是对零件质量特性进行测量，测量过程的输出是获得的测量值。

测量系统分析基本原理是：通过对测量过程的输出，即测量值进行数值分析，将测量值总变差按测量系统各组成要素进行分解，得到各组成要素产生的变差分量，进而基于各个变差分量间的相对量值关系，判断测量系统的质量。测量系统分析的输出是测量系统分析的结论，即测量系统质量是否可以接受的结论。

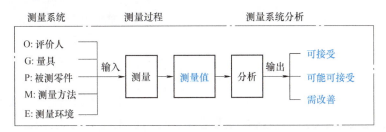

图 2-7　测量系统分析基本原理

2.3.2　测量过程与制造过程的关系

图 2-8 示意了测量过程与制造过程的关系。制造过程的输入为各类生产要素，输出为零件。由于制造过程中人、机、料、法、环的随机波动，造成零件质量特性的差异，即为制造过程变差。

制造过程的输出是测量过程的输入要素之一。由于测量过程中的人、机、料、法、环的随机波动，造成零件质量特性测量值的差异，即为测量过程变差。

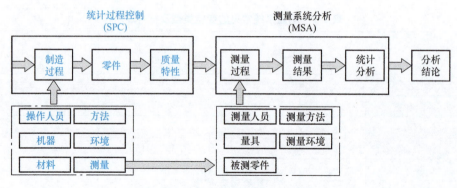

图 2-8　测量过程与制造过程的关系

2.3.3　测量系统分析与统计过程控制的关系

在统计过程控制中，其分析的变差来源包括人、机、料、法、环、测，因此过程能力计算中，过程变差同时包含了制造过程变差和测量过程变差，即为总变差。过程能力通过过程能力指数定量评价。过程能力指数通过将过程总变差与公差进行相对位置和大小关系判断，进而实现过程能力的分析。

测量系统分析将总变差分解为制造过程变差和测量过程变差，基于两类变差的相对位置和大小关系，判断测量过程变差区分制造过程变差的能力，进而实现测量系统质量的评价，即测量系统精确度（对应测量过程变差）满足测量要求（对应制造过程变差）程度的评价。

图 2-9a 示意了统计过程控制中过程能力指数与制造过程变差、公差的关系。图 2-9b 示意了测量系统分析中，测量系统质量与测量过程变差、总变差的关系。

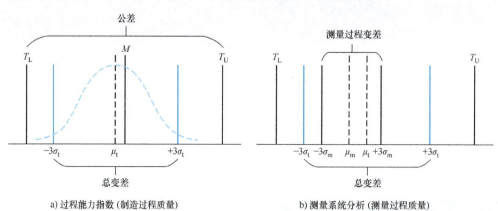

a) 过程能力指数 (制造过程质量)　　　　　　b) 测量系统分析 (测量过程质量)

图 2-9　三变差原理

测量系统分析可评价测量数据质量。统计过程控制需要基于测量数据实现。因此，测量系统分析应先于统计过程控制进行，从而确保统计过程控制所用的测量数据是高质量的测量数据，基于高质量数据的统计过程控制才是可靠的。图 2-10 所示为测量系统分析与统计过程控制的关系。

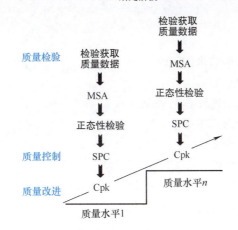

图 2-10　测量系统分析与统计过程控制的关系

13

拓展阅读

"物美价廉"

测量系统分析的基本原理是基于测量过程变差与制造过程变差的相互关系，进行测量数据质量的评价。通过分析测量过程满足制造过程的测量要求的程度，评价测量系统的质量。从这个角度说，制造过程是测量过程的"顾客"，对测量过程提出测量要求。当然，质量在追求"满足要求程度"的同时，也是有成本的。测量系统不能无限制地追求满足测量要求的程度，测量精确度越高，满足测量要求的程度越高，测量系统质量越高，其测量成本也越高。因此，测量系统分析要"物美价廉"，既要"物美"，即质量高，也要"价廉"，即成本低。

在生产和生活中，我们同样要提倡"物美价廉"。企业生产中，在保障质量的前提下，做好节能和减排，绿色生产。人们生活中，在过有质量的生活的同时，也要做好节能和减排，绿色生活。

"明辨是非"

测量系统分析要求测量系统具有足够的分辨率，至少是公差或过程总变差的三分之一或十分之一。若测量系统分辨率不足，则无法区分由制造过程质量波动产生的零件质量特性间的客观差异，导致无法识别制造过程质量及产品质量，企业也就失去了分辨质量高低的"眼睛"。

在生活中，我们同样需要有一双明辨是非的"眼睛"。通过不断学习和实践，积累经验，提高我们分辨是非的"分辨率"，即分辨能力，不能将"非"误判为"是"，也不能将"是"误判为"非"，为做出明智的抉择提供可靠的依据。

思考与练习

2-1　试述测量系统变差的来源。

2-2　试述测量系统变差的类型。

2-3　试述测量过程与制造过程的关系。

2-4　试述测量系统分析基本原理。

2-5　什么是制造过程变差？

2-6　什么是测量过程变差？

2-7　试述总变差、制造过程变差与测量过程变差的关系。

2-8　试述测量系统分析和统计过程控制的关系。

第 3 章

计量型测量系统分析

【学习目标】

掌握：稳定性、偏倚、线性、重复性和再现性的定义、计算及分析指南，Minitab 操作。

熟悉：产生不稳定、偏倚、线性、重复性和再现性的原因。

了解：控制图、单样本 t 检验、正态性检验、一元线性回归分析、方差分析等统计分析方法。

3.1 稳定性分析

3.1.1 稳定性定义

稳定性定义：经过一段长期时间，用相同的测量系统对同一基准或零件的同一特性进行测量所获得的总变差，如图 3-1 所示。

传统稳定性：测量系统在某持续时间内测量同一基准或零件的单一特性时获得的测量值总变差（或称漂移）。例如，使用某测厚仪对某基准的厚度在一个月内进行重复测量，测量结果的变化不超过 0.02mm。

统计稳定性：识别和把握测量过程随时间的变化规律，监视产生测量过程变差的特殊原因，以利于采取纠正措施，予以改进。换句话说，稳定性是偏倚随时间的变化，如图 3-1 所示。

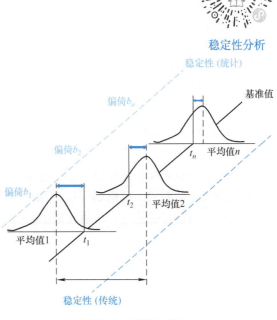

稳定性分析

图 3-1 稳定性定义

如图 3-2 所示，靶心表示被测量的真值，靶点表示被测量的测量值，始点 t_1 和 t_2 代表两个不同的测量时刻。可见，图 3-2a 中两个时间点的测量结果较集中，稳定性较好；而图 3-2b

两个时间点的测量结果则正好相反，两组测量结果相距较远，稳定性较差。

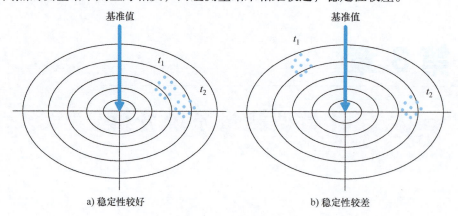

图 3-2　稳定性示例

3.1.2　稳定性分析指南

（1）样本选择　选取一个样本，并确定其相对可追溯标准的基准值。

若无可确定基准值的样本，则可从生产线中取一个特性值落在中心值域的零件，作为样本或标准件，或针对预期测试值的最低值、最高值及中程数的标准各取得一个样本或标准件，并对每个样本或标准件单独测量并绘制控制图，所以需做三张控制图来管制量具之高、中、低各端。一般而言，只需做中间值对应的那个样本或标准件的控制图。

（2）定期测量　定期（时、天、周）对样本或标准件测量 3~5 次。**注意：决定测量频度的考虑因素应包括要求多长时间重新对量具进行校正或修理、测量系统使用的频度与操作环境（条件）等。**应在不同时间上测得多个测量值。

（3）稳定性分析

1）图形分析法。计算控制界限，确定控制图的中心线和上下控制限，将测量值（数据）标记在 $\bar{X} - R$ 图或 $\bar{X} - S$ 图上，根据控制图的判异准则判断测量系统的稳定性。**注意：需对每个样本或标准件单独进行控制图绘制和统计稳定性分析。**

注意事项：

① 测量系统稳定性的图形分析也可使用均值-标准差控制图。

② 抽样频率的确定应遵循 SPC 原理和对具体测量系统的理解。

③ 均值、极差都受控时，均值控制图的中心线对应值就是偏倚。

④ 均值和极差控制图的中心线分别代表正态分布总体的两个参数：均值和标准差。绘点表示子组的均值或标准差。各子组的均值和标准差与总体无显著差别，则表示测量过程受控。标准差无显著差别是检验均值的前提，因此极差图受控是分析均值控制图的前提。

⑤ 测量系统的稳定性是最基本的整体统计特性（偏倚和方差）的稳定性，两者的综合就是测量系统的不确定度。

⑥ 稳定性分析中控制图与统计过程控制（SPC）中控制图使用的区别在于：被测零件个数不同。稳定性分析中控制图所用的测量数据是通过在不同时刻对同一零件进行重复测量获得的，而统计过程控制中控制图所用的测量数据是通过在不同时刻对同一制造过程生产的

不同零件分别进行测量获得的。

2）数值分析法。极差控制图受控的情况下，计算测量结果的标准差，代表测量过程标准差，并与制造过程标准差相比较，以评估测量系统的稳定性是否适于应用。不可以发生测量过程标准差大于制造过程标准差的现象；如果发生此现象，代表测量过程变差大于制造过程变差，测量系统稳定性是不可接受的。测量过程标准差的计算见式（3-1）。

$$\sigma = \frac{\overline{R}}{d_2^*} \tag{3-1}$$

式中，σ 为测量过程标准差；$\overline{R}$ 为测量结果的极差平均值；d_2^* 为系数，可查表附录 A 获得。

3.1.3　控制图*

（1）控制图基本原理　控制图由著名的统计学家休哈特在 1924 年提出。控制图是一种用来分析和判断工序是否处于稳定状态的图形工具。控制图的基本原理是通过监视生产过程中工序质量随时间波动的情况，判定工序中是否出现异常因素，从而识别出造成过程变差的是随机因素对应的普通原因，还是系统因素对应的特殊原因。

随机因素是对生产过程一直起作用的因素，如材料成分微小变化、设备震动、刃具磨损以及工人操作不均匀性等。其特点是：对质量波动的影响不大，一般不超出工序规格范围；随机因素的影响在经济上并不值得消除；在技术上也是难以测量、难以避免的；由随机因素造成的质量特性值分布状态不随时间的变化而变化。因此，把由随机因素造成的质量波动称为正常波动，此时的工序处于稳定或受控状态。

系统因素是一定时间内，对生产过程起作用的因素。如材料成分显著变化，设备安装、调整不当或损坏，刃具过度磨损，工人违反操作规程等。其特点是：造成较大的质量波动，常超出规格范围或存在超过规格范围的危险；系统因素的影响在经济上是必须消除的；在技术上是易于识别、测量并且是可以消除和避免的；由系统因素造成的质量特性值分布状态随时间的变化可能发生各种变化。因此，将由系统因素造成的波动称为不正常波动，此时工序处于不稳定状态或非受控状态，对这样的工序须严加控制。

图 3-3 所示为控制图原理示意图，实现异常因素识别的原理为：当工序只受随机因素影响时，质量特性值服从正态分布。因此，针对同一工序，一方面，以正态分布的 $\pm 3\sigma$ 为界限绘制控制图的上下控制限，在不同时刻，质量特性值应在上下控制限内，不应出现超出上下控制限的情况，否则认为工序受到了异常因素影响；另一方面，在不同时刻，质量特性值的分布是随机的，不应出现呈现某种特定模式的分布，如长链、连续变化趋势和其他模式，否则同样认为出现了系统因素。在工序只受随机因素影响时，控制图上的点子出现失控的概率都很小，如超过 $\pm 3\sigma$ 的概率为 0.27%，根据概率论中的"小概率原理"，这类情况不会发生，如果发生，就意味着工序中有异常情况发生。

（2）控制图使用方法　步骤如下：

1）上下控制限计算。均值控制图上下控制限计算见式（3-2）。

$$\begin{cases} \mathrm{CL}_X = \overline{\overline{x}} \\ \mathrm{UCL}_X = \overline{\overline{x}} + A_2 \overline{R} \\ \mathrm{LCL}_X = \overline{\overline{x}} - A_2 \overline{R} \end{cases} \tag{3-2}$$

极差控制图上控制限计算见式（3-3）。

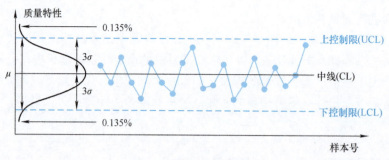

图 3-3　控制图原理示意图

$$\begin{cases} \mathrm{CL}_R = \overline{R} \\ \mathrm{UCL}_R = D_4\overline{R} \\ \mathrm{LCL}_R = D_3\overline{R} \end{cases} \tag{3-3}$$

式中，$\overline{\overline{x}}$ 为子组均值的均值；$\overline{R}$ 为子组极差的均值；A_2、D_4 和 D_3 的值查附录 B 可得。

2）判稳准则。控制图分区如图 3-4 所示。稳定性判定一般方式和控制图判定方式是一致的，具体如下：

① 有点超出控制界限。

② 连续 3 点中有 2 点在 A 区或 A 区以外的位置。

③ 连续 5 点中有 4 点在 B 区或 B 区以外的位置。

④ 连续 8 点在控制图同一侧。

⑤ 有连续 7 点持续上升或下降的情形。

⑥ 连续 8 个点距离中心线（任一侧）大于 1 个标准差。

⑦ 连续 14 个点上下交错。

⑧ 连续 15 个点距离中心线（任一侧）1 个标准差以内。

如果有以上情形，代表工序已不稳定，须做改进，然后须再做稳定性分析。

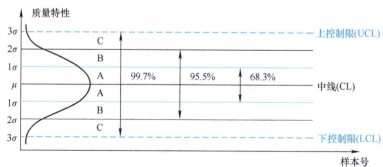

图 3-4　控制图的分区

3.1.4　测量系统不稳定的原因

测量系统不稳定，需从测量系统组成要素，即人、机、料、法、环这几方面进行分析。可能的原因包括：

（1）测量人员　测量人员技能水平不高、操作疲劳、观察错误（由测量结果的易读性、视差等因素引起）。

（2）量具　量具需要校准，需减少校准时间间隔；量具校准不当或调整基准的使用不当；量具、测量仪器或设备、夹紧装置磨损；测量基准磨损或损坏，基准出现误差；量具正常老化或退化；量具缺乏维护；量具质量差，一致性差。

（3）被测零件　零件发生变形；零件的不同测量位置存在差异。

（4）测量方法　测量方法缺乏稳健性；使用了不同的测量方法，如使用了不同的设置、不同的安装和夹紧方法等。

（5）测量环境　测量环境的变化，如温度、湿度、振动、清洁度等随时间发生了变化。

3.1.5　示例

某企业现有一测量工件直径的测量系统，为对其稳定性进行评估，选取一标准件，使用该测量系统对其每周测量1次，每次测量3遍，连续测量25周，测量结果见表3-1。已知制造过程标准差为0.7mm，测量得到的极差平均值为0.65mm，请评估该测量系统的稳定性。

（1）图形分析步骤

1）计算。计算出每个子组的均值$\bar{x_i}$和极差R_i，见表3-1。

计算总体均值$\bar{\bar{x}}$和极差均值$\bar{R}$为

$$\bar{\bar{x}} = 48.465$$
$$\bar{R} = 0.656$$

均值控制图上下控制限计算如下：

$$\begin{cases} \mathrm{CL}_X = \bar{\bar{x}} = 48.465 \\ \mathrm{UCL}_X = \bar{\bar{x}} + A_2\bar{R} = 48.465 + 1.023 \times 0.656 \approx 49.136 \\ \mathrm{LCL}_X = \bar{\bar{x}} - A_2\bar{R} = 48.465 - 1.023 \times 0.656 \approx 47.794 \end{cases}$$

极差控制图上控制限计算如下：

$$\begin{cases} \mathrm{CL}_R = \bar{R} = 0.656 \\ \mathrm{UCL}_R = D_4\bar{R} = 2.574 \times 0.656 \approx 1.689 \\ \mathrm{LCL}_R = D_3\bar{R} = 0 \times 0.656 = 0 \end{cases}$$

表3-1　稳定性分析实例数据

序号	测量结果/mm			均值/mm	极差/mm	序号	测量结果/mm			均值/mm	极差/mm
	x_1	x_2	x_3				x_1	x_2	x_3		
1	48.6	48.7	48.3	48.5	0.4	14	48.3	48.9	48.6	48.6	0.6
2	48.4	48.8	48.0	48.4	0.8	15	48.0	48.7	48.6	48.4	0.7
3	48.9	48.6	48.9	48.8	0.3	16	47.9	48.3	48.7	48.3	0.8
4	48.7	47.9	48.0	48.2	0.8	17	48.1	48.4	48.7	48.4	0.6
5	48.9	50.1	49.2	49.4	1.2	18	48.3	48.6	48.5	48.5	0.3
6	48.5	49.0	49.0	48.8	0.5	19	48.1	48.6	48.7	48.5	0.6
7	48.4	48.2	48.3	48.3	0.2	20	48.0	48.6	48.7	48.4	0.7
8	48.7	48.0	47.7	48.1	1	21	48.2	48.4	48.9	48.5	0.7
9	47.8	48.6	48.7	48.4	0.9	22	47.9	48.3	48.7	48.3	0.8
10	47.9	48.3	48.4	48.2	0.5	23	48.0	48.4	48.8	48.3	0.8
11	48.1	48.6	48.7	48.5	0.6	24	48.1	48.6	48.9	48.5	0.8
12	48.2	48.5	48.9	48.5	0.7	25	47.9	48.3	48.4	48.2	0.5
13	48.1	48.7	48.5	48.4	0.6						

2）Minitab 操作。Minitab 进行稳定性分析见表 3-2。

表 3-2　用 Minitab 进行稳定性分析

步骤	操　作
1	打开 Minitab 数据表，输入测量结果 在 C1 列中按子组顺序输入定期测量的每个子组的测量结果
2	在"统计"菜单中选择：控制图→子组的变量控制图→Xbar-R，如图 3-5 所示，弹出"Xbar-R 控制图"对话框
3	在"Xbar-R 控制图"对话框中 在"观测值"栏中输入：'直径/mm' 在"子组大小"栏中，输入子组的数据个数，如图 3-6 所示
4	最后单击"确定"，弹出稳定性分析图形窗口结果（图 3-7），以及稳定性分析会话窗口结果（图 3-8）
5	根据接收准则判定测量系统的稳定性是否可以接受

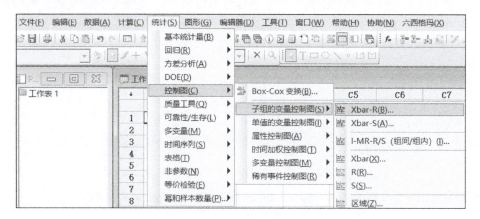

图 3-5　稳定性分析 Minitab 菜单

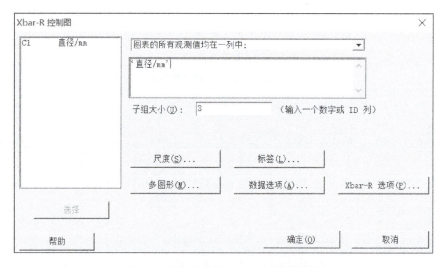

图 3-6　稳定性分析 Minitab 对话框设置

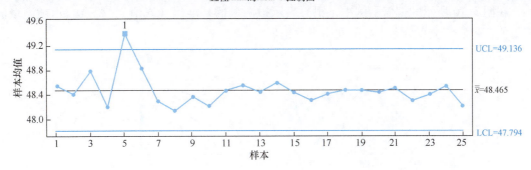

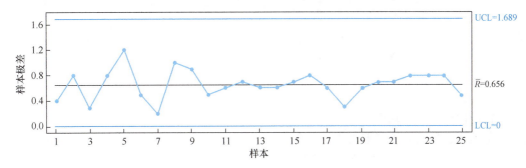

图 3-7　稳定性分析图形窗口结果

直径/mm 的 Xbar 控制图检验结果

检验 1。1 个点，距离中心线超过 3.00 个标准差。
检验出下列点不合格：5

＊警告＊如果使用新数据更新图形，以上结果可能不再正确。

图 3-8　稳定性分析会话窗口结果

由图 3-8 可见，均值控制图失控是由第 5 个子组均值距离中心线超过 3 个标准差导致，因此，可针对该问题进行原因分析，并进行改进，重新进行稳定性分析。

（2）数值分析法　由上述图形分析结果可知，子组测量结果极差的均值为 0.656。因此，可知测量系统稳定性对应标准偏差 = 测量结果极差均值 $\div d_2^* = 0.656 \div 1.689 = 0.4$。

由于 0.4 < 0.7，所以量具的稳定性适合测量该过程。

3.2　偏倚分析

在偏倚分析前，稳定性分析应该表明测量系统处于稳定状态。

偏倚分析

3.2.1　偏倚定义

偏倚的定义：对相同零件的同一特性的观测平均值与真值（参考值）的差异。其值等于同一评价人使用相同量具测量同一零件的相同特性多次所得平均值与采用更精密的测量设备测量同一零件的相同特性所得平均值之差，如图 3-9 所示，也就是通常所称的"准确

21

度"。基准值可通过更精密的测量设备重复测量结果的平均值来表示。

在图 3-10 所示的偏倚示例中，靶心表示被测量的基准值（真值），靶点表示被测量的测量值，靶心与靶点分布中心的间距表示偏倚。

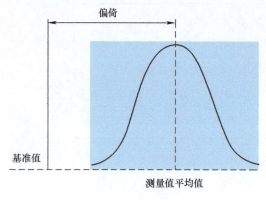

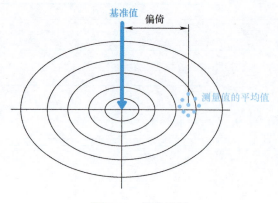

图 3-9 偏倚定义　　　　　　　　　　　图 3-10 偏倚示例

偏倚的两种表达方式如下：

量值表示：偏倚＝观测平均值－基准值。

百分数表示：% 偏倚＝100% ×（偏倚÷受控过程变差）。

3.2.2　偏倚分析指南

偏倚分析方法包括独立样本法和控制图法两种。

（1）独立样本法　独立样本法通过单独选取样本，并对其进行独立的重复测量，实现偏倚分析。

1）样本选择。取得一个样本，确定其相对于可追溯标准的基准值。如果不能得到此基准值，选择一件落在测量范围中间的样本，并将它指定为偏倚分析的样本。在计量室测量该零件次数 $n \geqslant 10$，并计算 n 个读数的平均值 $\overline{x}_s$，将该平均值作为基准值 r。

2）重复测量。一位测量人员以正常方式用正被分析的量具测量同一零件次数 $m \geqslant 10$，求 m 个测量结果的平均值 $\overline{x}$ 和重复性标准差 σ_e。σ_e 通过式（3-4）计算获取。

$$\sigma_e = \frac{R_e}{d_2^*} \tag{3-4}$$

式中，R_e 为 m 次重复测量结果极差；d_2^* 可查附录 A 获得。

3）直方图。绘制步骤 2）所得 m 个测量结果的直方图。

4）求偏倚。利用式（3-5）求得偏倚 b。

$$b = \overline{x} - r \tag{3-5}$$

5）计算平均值重复性标准差。平均值重复性标准差 $\sigma_{\overline{x}}$ 通过式（3-6）计算获得。

$$\sigma_{\overline{x}} = \frac{\sigma_e}{\sqrt{m}} \tag{3-6}$$

6）确定偏倚分析的 t 统计量。t 统计量的计算见式（3-7）。

$$t = \frac{b}{\sigma_{\overline{x}}} \tag{3-7}$$

7）判断偏倚是否可接受。确定 0 是否落在偏倚值附近 $1 - \alpha$ 的置信度界限内。若是，则偏倚在 α 水平上是可以接受的；否则，偏倚在 α 水平上不可以接受。

（2）控制图法　稳定性分析中所用的测量结果也可用于偏倚分析。

1）样本选择。取得一个样本，确定其相对于可追溯标准的基准值。如果不能得到此基准值，选择一件落在测量范围中间的样本，并将它指定为偏倚分析样本。在计量室测量该零件次数 $n \geq 10$，并计算 n 个读数的平均值 $\bar{x}_s$，将该平均值作为基准值 r。

2）重复测量。控制图共 m 个子组，每个子组 g 个测量结果。

计算 m 个子组平均值的平均值 $\bar{\bar{x}}$ 及重复性标准差 σ_e。σ_e 通过式（3-8）计算获取。

$$\sigma_e = \frac{\bar{R}_e}{d_2^*} \tag{3-8}$$

式中，$\bar{R}_e$ 为 m 个子组极差的平均值。

3）直方图。绘制控制图中所得 $m \times g$ 个测量结果的直方图。

4）求偏倚。利用式（3-9）求得偏倚 b。

$$b = \bar{\bar{x}} - r \tag{3-9}$$

5）计算平均值重复性标准差。平均值重复性标准差 $\sigma_{\bar{x}}$ 通过式（3-10）计算获得。

$$\sigma_{\bar{x}} = \frac{\sigma_e}{\sqrt{m \times g}} \tag{3-10}$$

6）确定偏倚分析的 t 统计量。t 统计量的计算如式（3-7）。

7）判断偏倚是否可接受。确定 0 是否落在偏倚值附近 $1 - \alpha$ 的置信度界限内。若是，则偏倚在 α 水平上是可以接受的；否则，偏倚在 α 水平上不可以接受。

关于偏倚是否可接受的另一种判断方法为根据%偏倚进行判断。

1）重要特性其%偏倚，须 $\leq 10\%$。

2）一般特性其%偏倚，须 $\leq 30\%$，且应依据仪器的使用目的来说明其接受的原因。

3）%偏倚大于30%者，该测量系统的偏倚不能接受。

3.2.3　单样本 t 检验[*]

（1）假设检验的基本思想　在统计推断中，常需根据样本信息推断总体分布是否具有指定的特征，为此需做出统计假设。如根据样本推断总体均值 μ 是否等于 μ_0，$\mu = \mu_0$ 就是一个统计假设。假设检验指基于实验验证或判别给定统计假设的方法，分为参数检验和非参数检验。判别已知分布形式的总体未知参数的假设所用的检验为参数检验。判别总体未知分布形式的假设所用的检验为非参数检验。

假设检验的原理为：统计假设是根据样本信息进行推断的，如根据样本均值 $\bar{x}$ 推断 $\mu = \mu_0$ 是否成立，即判断 $\bar{x} = \mu_0$ 是否成立。然而，产品质量总是存在波动，因此，所抽取的样本均值 $\bar{x}$ 不会恰好等于 μ_0。尽管如此，$\bar{x}$ 与 μ_0 之间的差异也应在一定范围内，不应该存在显著差异，即 $|\bar{x} - \mu_0| < C$，C 为一个适当的常数，根据检验水平 α（或显著性水平）确定。由于 α 是一个预先给定的小正数，$0 < \alpha < 1$，通常取 0.01、0.05 或 0.10，表示当原假设 H_0 成立时，由于随机因素的影响，导致 $|\bar{x} - \mu_0| < C$ 存在不成立的概率，该概率值很小，根据概率论中的"小概率"原理，这种情况在原假设 H_0 成立时不应该发生。若实际检验时，样本均值 $\bar{x}$ 不满足 $|\bar{x} - \mu_0| < C$，则表明原假设 H_0 不成立。

假设检验的方法为：

首先，提出假设原假设或零假设 H_0，以及另一个与 H_0 对立的备择假设 H_1，如 H_0：$\mu = \mu_0$，H_1：$\mu \neq \mu_0$。

然后，选定检验水平 α，确定 C。

最后，判断 $|\bar{x} - \mu_0| < C$ 是否成立。若满足 $|\bar{x} - \mu_0| < C$，则无足够证据拒绝原假设 H_0；否则，拒绝原假设 H_0。

（2）单样本均值假设检验　根据参数类型不同，参数检验分为均值检验和方差检验。根据总体方差是否已知，参数检验又分为总体方差已知及总体方差未知两种情况。

在偏倚分析中，使用的是总体方差未知时的均值检验这种参数检验。其具体方法如下：

检验假设 H_0：$\mu = \mu_0$，H_1：$\mu \neq \mu_0$。

构建 t 统计量如式（3-11）。

$$t = \frac{\bar{x} - \mu_0}{\dfrac{s}{\sqrt{n}}} \tag{3-11}$$

式中，s 为根据样本估计的总体标准差；n 为样本量；统计量 t 服从 t 分布，$t \sim \mathrm{t}(n-1)$。

根据检验水平 α，查附录 C，确定系数 $t_{\frac{\alpha}{2}}(n-1)$，即确定上文中的 C，

$$C = t_{\frac{\alpha}{2}}(n-1)\frac{s}{\sqrt{n}}$$

进行假设检验：

当 $|t| \geqslant t_{\frac{\alpha}{2}}(n-1)$ 时，否定原假设 H_0。

当 $|t| < t_{\frac{\alpha}{2}}(n-1)$ 时，无足够证据拒绝原假设 H_0。

3.2.4　正态性检验*

在很多的统计应用中，其前提是总体服从正态分布。正态性检验用于判别总体的分布形式是否为正态分布，是假设检验中的非参数检验。其基本思想是：做出假设，H_0：数据服从正态分布，H_1：数据不服从正态分布。将样本数据的经验累积分布函数与假设数据呈正态分布时期望的分布函数进行比较，如果两者差异显著，则否定原假设 H_0，否则接受原假设 H_0。

正态性检验方法包括：Kolmogorov-Smirnov（KS）检验、Anderson-Darling（AD）检验和 Ryan-Joiner（RJ）检验。其中，KS 检验和 AD 检验方法均是基于将样本数据的经验累积分布函数与假设数据呈正态分布时期望的分布函数作差并进行比较的思想，区别是 KS 检验是基于差的绝对值的最小上界，而 AD 检验则是基于差的平方和。若差异足够大，否定原假设 H_0。RJ 检验与 Shapiro-Wilk 类似，是基于数据与数据正态分布之间相关性的检验，RJ 统计量可以估计相关性的强度。若相关性未到达适当的临界值，则否定原假设 H_0。相较于 KS 检验，AD 检验鲁棒性更强，在检验离群值方面，其效果不及 RJ 检验。

3.2.5　导致偏倚的原因

1）标准或基准值误差，应检验校准程序。

2）量具校准不当，应复查校准方法。

3）量具修正计算不正确。

4）量具已磨损，建议维护或修理。

5）量具使用不当，如测量了错误的特性等，应复查、评审检验说明书（或测量指导书）。

6）量具制造不当。

3.2.6　示例

某企业对某测量系统进行偏倚分析。一测量人员对所选定的样件进行了 15 次重复测量，结果见表 3-3。若已知该样件的基准值为 0.6，且制造过程变异为 0.7，试对该测量系统的偏倚进行分析。

表 3-3　偏倚分析示例数据

序号	1	2	3	4	5	6	7	8	9	10	11	12	13	14	15
测量结果	5.8	5.7	5.9	5.9	6.0	6.1	6.0	6.1	6.4	6.3	6.0	6.1	6.2	5.6	6.0
偏倚	−0.2	−0.3	−0.1	−0.1	0.0	0.1	0.0	0.1	0.4	0.3	0.0	0.1	0.2	−0.4	0.0

（1）计算过程

$$\bar{x} = 0.6067$$

$$b = \bar{x} - r = 0.6067 - 0.6 = 0.0067$$

$$\sigma_e = \frac{R_e}{d_2^*} = \frac{0.8}{3.55} \approx 0.2254$$

$$\sigma_{\bar{x}} = \frac{\sigma_e}{\sqrt{m}} = \frac{0.2254}{\sqrt{15}} \approx 0.0582$$

$$t = \frac{b}{\sigma_{\bar{x}}} = \frac{0.0067}{0.0582} \approx 0.1151$$

$$t_{\frac{\alpha}{2}}(n-1) = 2.14$$

95% 的置信区间为：$0.0067 \pm 2.14 \times 0.0582 = 0.0067 \pm 0.1245$，即为 $[-0.1178, 0.1312]$。

0 在 95% 的置信区间内，所以偏倚可以接受。

（2）Minitab 操作步骤

1）正态性检验。使用 Minitab 进行正态性检验见表 3-4。

表 3-4　用 Minitab 进行正态性检验

步骤	操　作
1	打开 Minitab 数据表，输入测量结果 在 C1 列中依次输入待分析数据
2	在"统计"菜单中选择：基本统计量→正态性检验，如图 3-11 所示，弹出"正态性检验"对话框
3	在"正态性检验"对话框中 在"变量"编辑框内中输入：'偏倚'
4	在"正态性检验"中，选择正态性检验方法，默认是"Anderson-Darling"，如图 3-12 所示
5	最后单击"确定"，弹出正态性检验结果，如图 3-13 所示

（续）

步骤	操　作
6	判定总体是否服从正态分布 有两种方法 一是：根据样本点与直线的拟合程度进行定性的判断。若样本点与直线拟合紧密，则认为总体服从正态分布；否则，总体不服从正态分布 二是：根据 P 值进行定量的判断。若 $P < 0.05$，则总体不服从正态分布

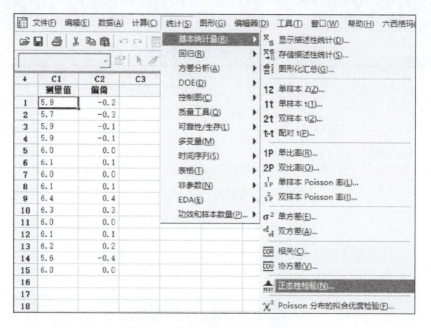

图 3-11　正态性检验 Minitab 菜单

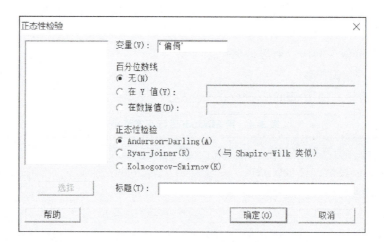

图 3-12　正态性检验 Minitab 对话框设置

2）偏倚分析。使用 Minitab 进行偏倚分析见表 3-5。

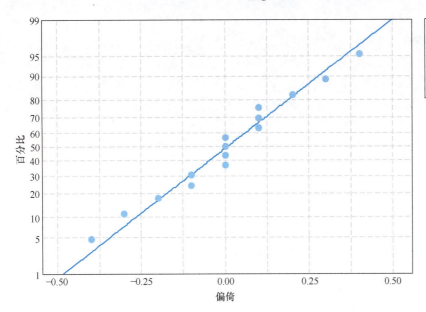

均值	0.006667
标准差	0.2120
N	15
AD	0.250
P值	0.695

图 3-13　正态性检验结果

表 3-5　用 Minitab 进行偏倚分析

步骤	操作
1	打开 Minitab 数据表，输入测量结果 在 C1 列中依次输入重复测量结果
2	在"统计"菜单中选择：基本统计量→单样本 t（1），如图 3-14 所示，弹出"单样本 t（检验和置信区间）"对话框
3	在"单样本 t（检验和置信区间）"对话框中 在 C1 列中依次输入重复测量结果 "样本所在列"栏中输入：'偏倚' 勾选"进行假设检验"，"假设均值（H）"设为 0，如图 3-15 所示
4	单击"图形"按钮，弹出"单样本 t-图形"对话框，在对话框中，勾选"数据直方图"选项，如图 3-16 所示
5	最后单击"确定"，弹出偏倚分析图形窗口结果（图 3-17），以及偏倚分析会话窗口结果（图 3-18）
6	根据接收准则判定测量系统的偏倚是否可以接受

由图 3-17 和图 3-18 可见，0 在 95% 置信区间内，所以偏倚可以接受。

由 P 值 0.905 > 0.05，同样可以判断偏倚可以接受。

利用偏倚分析的另一种方法，% 偏倚，其分析过程如下：

偏倚 = 0.0067。

% 偏倚 = (0.0067 ÷ 0.7) × 100% ≈ 1% < 10%，偏倚可以接受。

27

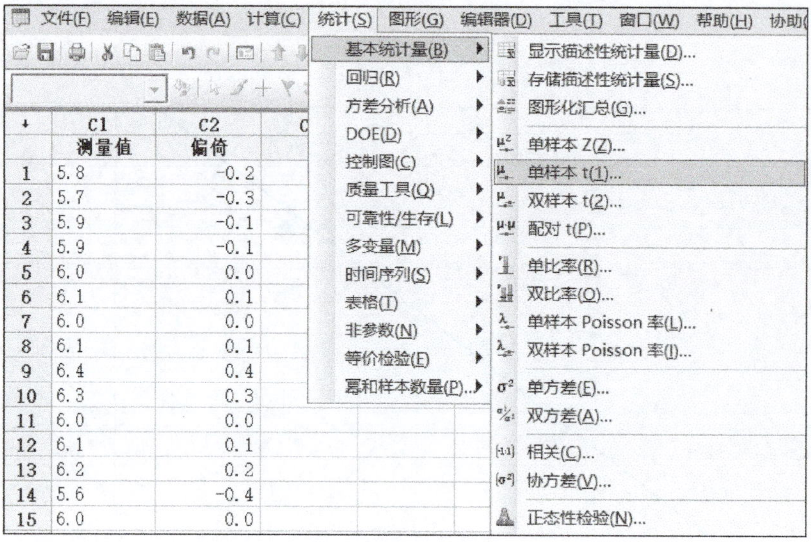

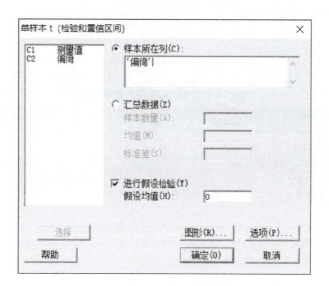

图 3-14　偏倚分析 Minitab 菜单

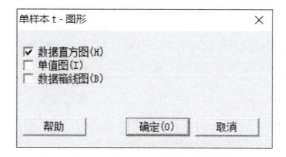

图 3-15　偏倚分析 Minitab 对话框设置

图 3-16　偏倚分析图形对话框设置

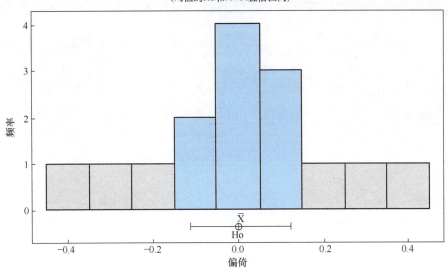

图 3-17 偏倚分析图形窗口结果

单样本 T: 偏倚

μ = 0 与 ≠ 0 的检验

变量	N	均值	标准差	均值标准误	95% 置信区间	T	P
偏倚	15	0.0067	0.2120	0.0547	(-0.1107, 0.1241)	0.12	0.905

图 3-18 偏倚分析会话窗口结果

3.3 线性分析

线性分析

在线性分析前，稳定性分析应该表明测量系统处于稳定状态。

3.3.1 线性定义

线性是指在量具预期的工作（测量）量程内偏倚值的差异，如图 3-19 所示。线性可视为：

1）偏倚在量具工作量程内的变化量。

2）多个独立的偏倚在量具工作量程内的关系。

3）由测量系统的系统误差构成。

图 3-20 所示为线性示例，分别为一致的偏倚及不一致的偏倚。不一致的偏倚包括线性的偏倚和非线性的偏倚。

线性的两种表达方式如下：

线性 = |斜率| × 受控过程变差。

% 线性 = 100 × (线性 ÷ 受控过程变差)% = 100 × |斜率|%。

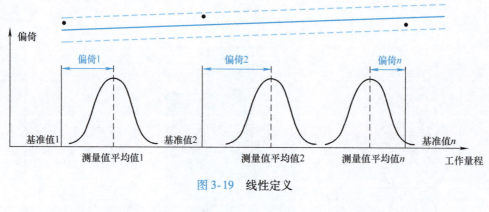

图 3-19　线性定义

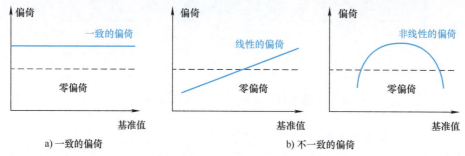

图 3-20　线性示例

　　如图 3-21 所示，圆点表示各样本特性的测量值，直线代表偏倚与基准值的拟合直线，基准值覆盖受控过程总变差范围，拟合直线在受控过程变差范围内偏倚值的变化量为线性。

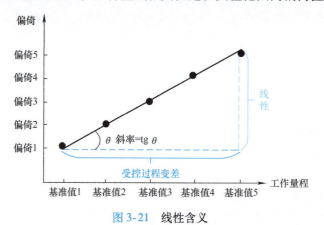

图 3-21　线性含义

3.3.2　线性分析指南

　　（1）样本选择　由于存在制造过程变差，选择 $g \geqslant 5$ 个零件，使其涵盖量具的工作量程范围。

　　（2）参考值确定　使用比被分析的量具高一个精度等级的测量设备对每个零件进行测量，确定其参考值，并确定所选样本特性值涵盖了量具的工作量程。

（3）测量　让经常使用该量具的操作者作为测量人员，测量每个零件次数 $m \geqslant 10$。

（4）偏倚及均值计算　计算零件特性每次测量的偏倚，进一步计算每个零件特性的偏倚平均值。

（5）线性图绘制　在线性图上画出相对于零件参考值的每个偏倚和偏倚平均值。

（6）线性拟合及置信区间计算　计算并画出各零件偏倚平均值与参考值的拟合直线及其置信区间。

（7）线性分析　在线性图上画出偏倚 $=0$ 的水平线，并判断该水平线在工作量程范围内是否均位于拟合直线置信区间内。若是，该测量系统的线性可以接受；否则，该测量系统的线性不能接受。

（8）注意事项

1）稳定性验证。需先进行测量系统的稳定性验证，确保测量系统稳定。

2）盲测。随机选择零件，以减少测量人员对测量中偏倚的"记忆"。

3）随机化。不是每个零件连测 m 次，而应该是 g 个零件连测，但不是以某一固定顺序进行。

4）零件个数和测量次数。零件个数 $g \geqslant 5$，测量次数 $m \geqslant 10$。

3.3.3　一元线性回归分析 *

一元线性回归分析用于因变量 y 与单个自变量 x 之间线性关系 $y = kx + b_0$ 的求解，基于最小二乘原理可求解一元线性模型中的参数，包括斜率 k、截距 b_0。为实现偏倚 b 与零件基准值 x 间的线性关系模型 $b = kx + b_0$ 求解，需应用一元线性回归分析。

（1）一元线性回归方程的求解　设已对 g 个零件进行了测量，获得了 g 个零件的基准值 x_i 及偏倚 b_i（$i = 1, 2, \cdots, g$）。基于最小二乘原理，可得斜率 k、截距 b_0 的值，见式（3-12）、式（3-13）。

$$k = \frac{g \sum_{i=1}^{g} x_i b_i - \left(\sum_{i=1}^{g} x_i \right) \left(\sum_{i=1}^{g} b_i \right)}{g \sum_{i=1}^{g} x_i^2 - \left(\sum_{i=1}^{g} x_i \right)^2} \tag{3-12}$$

$$b_0 = \frac{\left(\sum_{i=1}^{g} x_i^2 \right) \left(\sum_{i=1}^{g} b_i \right) - \left(\sum_{i=1}^{g} x_i \right) \left(\sum_{i=1}^{g} x_i b_i \right)}{g \sum_{i=1}^{g} x_i^2 - \left(\sum_{i=1}^{g} x_i \right)^2} = \bar{b} - k\bar{x} \tag{3-13}$$

式中，$\bar{b}$、$\bar{x}$ 分别为 g 个零件偏倚的均值、基准值的均值。

（2）一元线性回归方程的稳定性　求得一元线性回归方程后，将第 i 个零件的基准值 x_i 代入方程，可求得对应的回归值 $\hat{b}_l$。由于测量存在误差，因此将造成回归值 $\hat{b}_l$ 的波动，其大小用标准差 $\sigma_{\hat{b}_l}$ 表示，其值由式（3-14）计算获得。

$$\sigma_{\hat{b}_l} = \sigma \sqrt{\frac{1}{g} + \frac{(x_i - \bar{x})^2}{\sum_{i=1}^{g} (x_i - \bar{x})^2}} \tag{3-14}$$

对应第 i 个零件的基准值 x_i，其回归值 $\hat{b}_l$ 的 95% 的预测区间为：$[\hat{b}_l - 1.96\, \sigma_{\hat{b}_l},\ \hat{b}_l + 1.96\, \sigma_{\hat{b}_l}]$。

（3）一元线性回归显著性检验　为分析拟合出的直线与偏倚 b、零件基准值 x 间的客观规律的符合程度，需对回归方程进行显著性检验。

基于方差分析，对回归方程的显著性进行检验。

具体方法如下：

首先，计算偏倚观测值 b_i 与其均值 $\bar{b}$ 的离差平方和 S，如式（3-15）。

$$S = \sum_{i=1}^{g} (b_i - \bar{b})^2 \tag{3-15}$$

其次，对离差平方和 S 进行分解，分解为回归平方和 U 和残余平方和 Q，分别见式（3-16）、式（3-17）。

$$U = \sum_{i=1}^{g} (\hat{b}_l - \bar{b})^2 \tag{3-16}$$

$$Q = \sum_{i=1}^{g} (b_i - \hat{b}_l)^2 \tag{3-17}$$

三类平方和间关系如式（3-18）：

$$S = U + Q \tag{3-18}$$

其中，回归平方和 U 反映了由于零件基准值 x 与偏倚观测值 b 的线性关系造成的偏倚 b 的方差，残余平方和 Q 反映了除零件基准值 x 外其他因素造成的偏倚 b 的方差。

接着，计算回归平方和 U、残余平方和 Q、离差平方和 S 的自由度，分别见式（3-19）~式（3-21）。

$$\gamma_U = 1 \tag{3-19}$$

$$\gamma_Q = g - 2 \tag{3-20}$$

$$\gamma_S = g - 1 = \gamma_U + \gamma_Q \tag{3-21}$$

然后，计算统计量 F，见式（3-22）。

$$F = \frac{U/\gamma_U}{Q/\gamma_Q} = \frac{U/1}{Q/g-2} \tag{3-22}$$

最后，查附录 D，获得 $F_\alpha(1, g-2)$。

1）若 $F \geq F_{0.01}(1, g-2)$，则认为回归是高度显著的。

2）若 $F_{0.05}(1, g-2) \leq F < F_{0.01}(1, g-2)$，则认为回归是显著的。

3）若 $F_{0.10}(1, g-2) \leq F < F_{0.05}(1, g-2)$，则认为回归在 0.1 水平上是显著的。

4）若 $F < F_{0.10}(1, g-2)$，则认为回归不显著。

3.3.4　产生线性的原因

（1）线性问题产生的可能原因

1）测量人员。测量人员技能、疲劳、观测误差等因素的影响。

2）量具。量具需要校准，缩短校准周期；量具校准不当；量具或夹具磨损；量具维修保养不好，包括空气、动力、液体、过滤器、腐蚀、尘土、清洁等因素的影响；基准磨损或损坏；量具质量不好，包括设计和符合性等方面；缺乏稳健的量具设计或方法；使用了不适当的量具。

3）被测零件。随着测量尺寸的不同，零件特性变化量不同；零件内变差的影响。

4）测量方法。不同的测量方法，包括作业准备、载入、夹紧、技巧等因素的影响。

5）测量环境。环境因素的影响，包括温度、湿度、振动、清洁等因素。

（2）产生非线性问题的可能原因　若测量系统偏倚与基准值的线性相关系数显著性检验结果为不显著，则该测量系统偏倚与基准值间为非线性关系。

造成测量系统偏倚在量具工作量程范围内非线性变化的可能原因主要包括以下几方面：

1）量具工作范围两端没有正确校准。

2）最大或最小校准器有问题（误差大）。

3）量具磨损。

4）量具固有设计特性有问题。

3.3.5　示例

现有一家公司的质检部门新购了一台测厚仪，在正式使用前，需要对此测量系统的线性进行评估。根据实际需要的工作量程范围，挑选了 5 个具有代表性的标准件，其基准值已知。然后由检验员随机对每个部件重复测量了 10 次。假设已知制造过程的总波动为 12.00mm，试分析该测量系统的偏倚和线性。测量结果见表 3-6。

（1）计算　测量系统线性和%线性的计算过程如下：

$$k = \frac{g \sum_{i=1}^{g} x_i b_i - \left(\sum_{i=1}^{g} x_i \right) \left(\sum_{i=1}^{g} b_i \right)}{g \sum_{i=1}^{g} x_i^2 - \left(\sum_{i=1}^{g} x_i \right)^2} = \frac{5 \times 10.137 - 52 \times 0.572}{5 \times 754 - 2704} \approx 0.019644$$

$$b_0 = \frac{\left(\sum_{i=1}^{g} x_i^2 \right) \left(\sum_{i=1}^{g} b_i \right) - \left(\sum_{i=1}^{g} x_i \right) \left(\sum_{i=1}^{g} x_i b_i \right)}{g \sum_{i=1}^{g} x_i^2 - \left(\sum_{i=1}^{g} x_i \right)^2} = \bar{b} - k \bar{x} = 0.1144 - 0.019644 \times 10.4$$

$$\approx -0.08990$$

$$线性 = |k| \times 12 = 0.019644 \times 12 = 0.235728$$

$$\% 线性 = |k| \times 100\% = 1.96\%$$

表 3-6　线性分析示例数据

部件	1	2	3	4	5
	/mm				
参考值	2.00	5.00	10.00	15.00	20.00
测量值1	2.03	4.93	10.11	14.80	20.35
测量值2	2.07	5.08	10.05	15.17	20.52
测量值3	1.93	4.89	9.90	15.15	20.40
测量值4	2.05	4.95	10.13	15.26	20.44
测量值5	1.95	5.12	10.13	15.32	20.38

33

（续）

部件	1	2	3	4	5
	/mm				
测量值6	1.96	5.13	9.88	15.24	20.21
测量值7	1.96	4.92	9.85	15.07	20.31
测量值8	2.03	4.96	10.13	15.31	20.45
测量值9	1.88	5.20	10.15	15.26	20.33
测量值10	1.95	5.16	9.92	15.19	20.16

（2）Minitab 操作　使用 Minitab 进行线性分析见表3-7。

表3-7　用 Minitab 进行线性分析

步骤	操作
1	打开 Minitab 数据表，输入测量结果 在 C1 列中依次输入零件编号 在 C2 列中依次输入对应零件的参考值 在 C3 列中依次输入对应零件的测量值
2	在"统计"菜单中选择：质量工具→量具研究→量具线性和偏倚研究，如图3-22 所示，出现"量具线性和偏倚研究"对话框
3	在"量具线性和偏倚研究"对话框中 在"部件号"栏中输入：'零件编号'；在"参考值"栏中输入：'参考值'；在"测量数据"栏中输入：'测量值'；在"过程变异"栏中输入：已知的变异值，如图3-23 所示
4	最后单击"确定"，弹出线性分析图形分析结果，如图3-24 所示
5	根据接收准则判定测量系统的线性是否可以接受

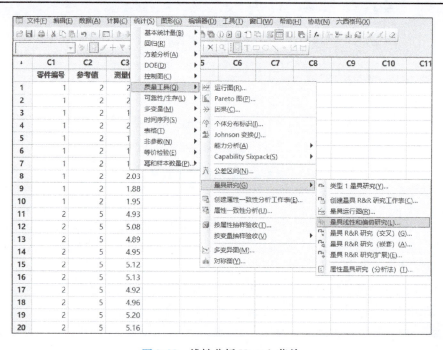

图3-22　线性分析 Minitab 菜单

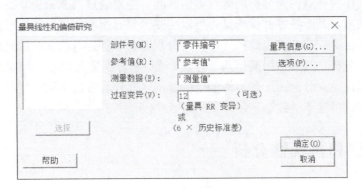

图 3-23　线性分析 Minitab 对话框设置

由图 3-24 可见，在工作量程范围内，偏倚 = 0 的水平线未全部在拟合直线的置信区间内，因此，该测量系统的线性不可接受。

测厚仪线性分析

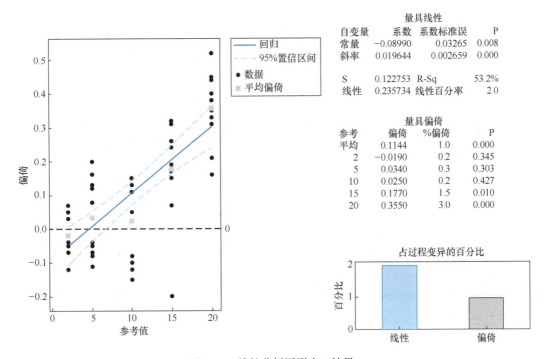

图 3-24　线性分析图形窗口结果

需要注意的是：线性分析是多点偏倚的统计分析，并不等同于多点偏倚的独立分析。由图 3-24 可见，参考值为 10 的零件，其偏倚分析 P 值为 0.427 > 0.05，因此该偏倚可接受。然而，根据线性分析结论，在该零件处，偏倚 0 在拟合直线的置信区间外，因此该偏倚应不能接受。两类结论相矛盾。其原因是线性分析是多点偏倚的统计分析，通过将多点偏倚拟合

直线的置信区间作为各点偏倚分析的统计置信区间，进而通过判断偏倚 0 是否在各零件偏倚的统计置信区间内，判断各零件偏倚是否可以接受。只有所有零件偏倚均可接受，该测量系统的线性才可以接受。而多点偏倚独立分析则分别对各零件进行独立的偏倚分析，而非多个偏倚整体的统计分析，其置信区间是基于各点 t 统计量分别进行设置，相互独立。因此，线性分析与多点偏倚独立分析由于各零件偏倚的置信区间计算方法不同，造成两类方法对各零件偏倚的分析结论可能不一致。

3.4 重复性和再现性分析

在重复性和再现性分析前，稳定性分析应该表明测量系统处于稳定状态。

重复性和再现性分析

3.4.1 重复性和再现性定义

（1）重复性（Repeatability） 重复性是指：一个评价人使用相同的测量仪器，对同一零件的同一特性进行多次测量所得的测量变差。

重复性是测量系统的固有变动。

同一测量条件下的重复测量，包括：同一评价人、同一量具、同一被测零件的同一特性、同一测量方法、同一测量环境。

如图 3-25 所示，靶心表示被测量的真值，靶点表示被测量重复测量的测量值。图 3-25a 中，重复测量结果较集中，即其重复性较好。图 3-25b 中，重复测量结果较离散，即其重复性较差。

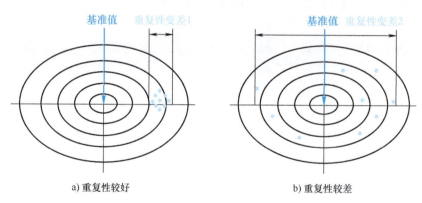

图 3-25　重复性示例

（2）再现性（Reproducibility） 再现性是指：不同评价人使用相同的测量仪器，对同一零件的同一特性进行测量所得的平均值的变差。

再现性是不同测量条件下的测量，不同测量条件为不同的评价人。其他测量条件均相同。

如图 3-26 所示，靶心表示被测量真值，靶点表示被测量的测量值。图 3-26a 中，不同评价人的测量结果较集中，即其再现性较好。图 3-26b 中，不同评价人的测量结果较离散，即其再现性较差。

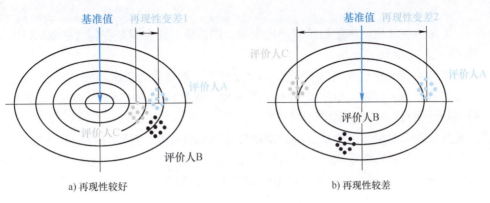

a) 再现性较好　　　　　　　　　　　　b) 再现性较差

图 3-26　再现性示例

3.4.2　重复性和再现性研究计划

（1）量具的校准　量具校准会影响重复性和再现性的（R&R 或 GR&R，Repeatability & Reproducibility）研究。在 R&R 研究前，应对量具进行校准。

（2）评价人的数量　根据测量系统实际情况，确定评价人的数量。

1）若评价人数量为一人，或测量为自动化测量，则无法进行再现性变差分析，且不应为了分析再现性，人为新增评价人。即仅在测量系统评价人数大于或等于 2 名时，才能评估测量系统的再现性变差。

2）若评价人数量超过 2 名，则应从评价人总体中进行随机抽样，推荐评价人数量为 3 名。

（3）评价人的选择　评价人应为熟练掌握量具使用的实际使用人。不应为进行测量系统分析，而选择非量具实际使用人作为评价人。

（4）被测零件的数量　被测零件数量应满足"样本数×评价人数"大于 15 的要求。一般要求被测零件数为 10 件。若被测零件数少于 10，可考虑以可反映预期制造过程变差的同一零件不同区域代表不同的被测零件。若无 10 件可用于分析的被测零件，应基于现有被测零件进行分析。

（5）被测零件的选择　被测零件应来自稳定的制造过程，根据产品或过程控制的目的选择。

1）若测量的目的是进行过程控制，选取的样件要求覆盖制造过程的变差范围，并基于制造过程变差计算％R&R（R&R/TV）。实际生产中常从不同班次不同日期的过程中随机抽取被测零件，以满足取的被测零件覆盖制造过程变差范围的要求。

2）若测量的目的是进行产品控制，选取的被测零件不强求需覆盖制造过程的变差范围，可基于公差计算％R&R（R&R/T）。

（6）被测零件内变差　被测零件内变差指同一被测零件不同测量点位的质量特性所存在的差异。

1）若存在同质的被测零件，可从中获得同质被测零件，以最小化被测零件内变差。

2）若无法获得同质被测零件，在测量时应尽可能选择被测零件的同一点位进行测量。或者，通过额外的研究，如分别使用标准件和被测零件进行 R&R 研究，以评估被测零件内

变差。

3）若无法从重复性中排除被测零件内变差，则被测零件内变差将包含在 R&R 中。

（7）重复测量次数

1）若"样本数×评价人数"大于15，重复测量次数通常为2次。

2）若"样本数×评价人数"小于16，重复测量次数应大于或等于4次。

（8）量具的分辨力 包括如下内容：

1）量具分辨力的定义。量具分辨力指量具可靠地测量微小差异的能力。

2）分辨力不足的判断规则。若极差图的控制限内最多只有3种可能的极差值；若极差图的控制限内有4种可能的极差值，且超过25%的极差为零。

3）分辨力不足的解决办法。测量并报告到量具允许的小数位数，且在计算时应比测量值多一位小数。

若条件允许，选择更精密的量具；若以上条件均无法满足，则需注意该量具能否被接受取决于被测变量的过程能力。

（9）量具的数量 通常，测量系统包含一个量具。

若测量系统包含多个量具，如多把游标卡尺，可通过每个评价人固定使用同一量具，然后进行 R&R 研究。若 R&R 分析结论可接受，则接受多量具组成的测量系统。若不能接受，则对每个量具单独进行 R&R 分析，以分离量具造成的变差。也可通过将量具作为第三个因子，基于扩展量具 R&R 研究（详见本书5.2），分离出量具导致的变差，以及量具与评价人的交互作用导致的变差。

（10）量具读数方式 根据量具的不同类型，确定其读数方式。

机械式量具，应至少读取其最小的可分辨单位，对其最小刻度可进一步细分且有意义时，应读取其最小刻度的半刻度。

电子式量具，应根据测量要求读取其有效位数，最后位数应读取其稳定值或变化均值。

（11）测量结果的使用 以与产品质量评估相同的方式使用测量结果。

1）若以单次测量结果评估产品质量，则测量系统 R&R 分析时，也使用单次测量结果。

2）若以重复测量结果的平均值评估产品质量，则测量系统 R&R 分析时，也使用平均值，同时保留各个测量值，便于进行测量系统诊断。

（12）数据收集表的建立 在测量系统 R&R 分析前，根据被测零件数、评价人数、重复测量次数，确定 R&R 分析数据收集表。应确保数据收集表中的试验顺序的随机性。可通过采用随机数、掷骰子、使用 Minitab 等软件（具体操作步骤可参见本书3.4.7）的方式确定数据收集表中的试验顺序。

（13）做好测量系统 R&R 研究记录 在测量系统 R&R 研究过程中，应详细记录研究细节，以便于在后续 R&R 研究中找出产生测量系统变差的特殊原因。

（14）设定一名研究管理者或监督者 测量人员不能记录测量结果。因此，管理者或监督者负责记录与被测零件对应的测量结果，并对测量数据进行分析，对分析结果进行评估。

3.4.3 控制图法

（1）重复性和再现性分析指南

1）样本选择。取包含 $m \geqslant 5$ 个被测零件的一个样本，代表制造过程变差的实际或预期范围。

2）被测零件编号。指定 $n \geq 2$ 个评价人，并按 $1 \sim m$ 给被测零件编号，使评价人不能看到这些编号。

3）校准。如果校准是正常程序中的一部分，则对量具进行校准。

4）测量。评价人 1 以随机的顺序测量 m 个零件，并让另一个观测人记录结果。让其他评价人以同样的方法测量 m 个零件。

5）重复测量。使用不同的随机测量顺序重复上述操作过程 $g \geq 2$ 次。

6）特殊情况下的测量顺序调整。测量大型零件或不能同时获取整个零件时，第 3）~5）步改为评价人以随机顺序分别测该零件 1 次，然后重复上述过程，直至每个评价人对该零件重复测满 g 次为止。

若评价人处于不同班次时，第 3）~5）步改为评价人 1 先以随机的顺序测各被测零件 1 次，重复该步骤直至该评价人对每个被测零件测满 g 次为止，其他评价人亦如此。

（2）重复性和再现性分析步骤

1）零件均值控制图。零件均值控制图以零件编号为横坐标，顺序画出每个评价人对每个零件 g 次测量结果的平均值，该图可用于判断测量系统检出零件间变差的能力，还可用来确认评价人之间对每个零件测量过程的一致性。

零件均值控制图的控制限是基于重复性变差，而不是零件间的变差，见式（3-23）。

$$\begin{cases} \mathrm{CL}_X = \bar{\bar{x}} \\ \mathrm{UCL}_X = \bar{\bar{x}} + A_2 \bar{R} \\ \mathrm{LCL}_X = \bar{\bar{x}} - A_2 \bar{R} \end{cases} \quad (3\text{-}23)$$

式中，$\bar{R}$ 表示每个评价人对每个零件 g 次重复测量结果极差的平均值；CL_X，UCL_X，LCL_X 分别表示均值控制图的中心线、上控制限、下控制限；A_2 为系数，可通过查附录 B 获得。

零件均值控制图的判断标准与传统的 SPC 控制图不同，超出控制限的点至少 50％ 以上才表明测量系统区分零件间变差的能力足够。 否则，测量系统的分辨力不足或样本不能代表预期的制造过程变差。其主要原因是控制图上下控制限是基于重复性变差，控制界限宽度代表重复性变差大小，而控制图上各子组均值间的变差代表零件间变差，因此，从测量系统分析的角度出发，希望超出控制限的点至少 50％ 以上。

2）零件极差控制图。零件极差控制图同样以零件编号为横坐标，顺序画出每个评价人对每个零件 g 次测量结果的极差，该图可用于确定测量过程重复性是否受控，还可用来确认评价人之间对每个零件测量过程的一致性。

零件极差控制图的控制限同样基于重复性变差，见式（3-24）。

$$\begin{cases} \mathrm{CL}_R = \bar{R} \\ \mathrm{UCL}_R = D_4 \bar{R} \\ \mathrm{LCL}_R = D_3 \bar{R} \end{cases} \quad (3\text{-}24)$$

式中，CL_R，UCL_R，LCL_R 分别表示极差控制图的中心线、上控制限、下控制限；D_4 及 D_3 为系数，可通过查附录 B 获得。

零件极差控制图的判断标准与传统的 SPC 控制图相似，即不能有点超出控制界限，才能表示测量过程的重复性极差受控。 若某个评价人有一些超过控制限的点，说明他使用的方

法与其他评价人不一致；若所有评价人均有一些超过控制限的点，说明该测量系统对评价人的测量技巧较敏感，需要进行改进以获得有效的测量数据。

3.4.4　均值极差法

（1）重复性和再现性分析指南　均值极差法与控制图法所用的重复性和再现性分析指南相同。

（2）重复性和再现性计算　重复性和再现性计算包括如下步骤：

1）重复性标准差和变差。重复性标准差 σ_e 计算见式（3-25）。

$$\sigma_e = \frac{\overline{R}}{d_2^*} \tag{3-25}$$

式中，d_2^* 系数可根据极差个数（等于被测零件数 m × 评价人数 n）和获得单个极差数据个数［为同一零件的重复测量次数 g（查附录 A）］获得。

重复性变差 EV 计算见式（3-26）。

$$EV = 5.15\sigma_e \tag{3-26}$$

式中，系数 5.15 表示所得重复性变差对应 95% 的置信概率。

2）再现性标准差和变差。未修正的再现性标准差 σ_o 的计算见式（3-27）。

$$\sigma_o = \frac{R_o}{d_2^*} \tag{3-27}$$

式中，R_o 表示不同评价人对所有被测零件测量结果的平均值的极差；d_2^* 系数可根据极差个数（为 1）和获得单个极差数据个数（为评价人数 n）查附录 A 获得。

由于式（3-27）计算所得再现性标准差中包含了重复性标准差，为此需对其进行修正。修正后的再现性标准差 σ_o' 的计算见式（3-28）。

$$\sigma_o' = \sqrt{\sigma_o^2 - \frac{\sigma_e^2}{m \times g}} \tag{3-28}$$

再现性变差 AV 的计算见式（3-29）。

$$AV = 5.15\,\sigma_o' \tag{3-29}$$

3）测量标准差和变差。测量标准差 σ_m 的计算见式（3-30）。

$$\sigma_m = \sqrt{\sigma_e^2 + \sigma_o'^2} \tag{3-30}$$

测量变差 R&R 的计算见式（3-31）。

$$R\&R = \sqrt{EV^2 + AV^2} = 5.15\sigma_m \tag{3-31}$$

4）零件间标准差和变差。零件间标准差 σ_p 的计算见式（3-32）。

$$\sigma_p = \frac{R_p}{d_2^*} \tag{3-32}$$

式中，R_p 表示不同被测零件测量结果的平均值的极差；d_2^* 系数可根据极差个数（为 1）和获得单个极差数据个数（为被测零件数 m）查附录 A 获得。

零件间变差 PV 的计算见式（3-33）。

$$PV = 5.15\sigma_p \tag{3-33}$$

5）总标准差和变差。总标准差 σ_t 的计算见式（3-34）。

$$\sigma_t = \sqrt{\sigma_m^2 + \sigma_p^2} \tag{3-34}$$

总变差 TV 的计算见式（3-35）。

$$TV = \sqrt{R\&R^2 + PV^2} \tag{3-35}$$

6）％R&R 及数据分级数。％R&R 的计算见式（3-36）。

$$\% R\&R = \frac{\sigma_m}{\sigma_t} \times 100\% = \frac{R\&R}{TV} \times 100\% \tag{3-36}$$

％R&R 表示测量系统变差占总变差的百分比。

数据分级数 n_{dc} 的计算见式（3-37）。

$$n_{dc} = 1.41 \frac{\sigma_p}{\sigma_m} = 1.41 \frac{PV}{R\&R} \tag{3-37}$$

n_{dc} 表示制造过程变差比测量过程变差的倍数。

7）重复性和再现性接受标准。如下：

$0 \leqslant \% R\&R \leqslant 10\%$：测量系统可接受。

$10\% < \% R\&R \leqslant 30\%$：测量系统在特定条件下可接受；取决于该测量系统的重要性、量具成本、修理所需费用等因素，可能是可接受的。

$\% R\&R > 30\%$：测量系统不可接受。须予以改进。必要时更换量具或对量具重新进行调整，并对以前所测量的库存品再抽查检验，如发现库存品已超出规格应立即追踪出货并通知客户，协调处理对策。

上述 10%、30% 的设定，是根据误差理论中的微小误差原理，即三分之一或十分之一准则确定。

同时，数据分级数 $n_{dc} \geqslant 5$。

3.4.5　极差法

（1）重复性和再现性分析指南

1）样本选择。取包含 $m \geqslant 5$ 个零件的一个样本，代表过程变差的实际或预期范围。m 通常取 5。

2）被测零件编号。指定 $n \geqslant 2$ 个评价人，并按 $1 \sim m$ 给被测零件编号，使评价人不能看到这些数字。m 通常取 2。

3）校准。如果校准是正常程序中的一部分，则对量具进行校准。

4）测量。评价人 1 以随机的顺序测量 m 个零件，并让另一个观测人记录结果。让其他评价人以同样的方法测量 m 个零件。

（2）重复性和再现性计算步骤

1）测量极差。计算每一个被测零件所有评价人的测量结果的极差。

2）极差平均值。对每个被测零件所有评价人测量结果的极差求平均值。

3）总测量变差。总测量变差利用式（3-38）计算获得。

$$R\&R = \frac{\overline{R}_m}{d_2^*} \tag{3-38}$$

式中，$\overline{R}_m$ 表示每个被测零件所有评价人测量结果极差的平均值；d_2^* 系数可根据极差个数

（为被测零件数 m）和获得单个极差数据个数（为评价人数 n）查附录 A 获得。

4）%R&R。%R&R 的计算见式（3-39）。

$$\%R\&R = (R\&R/TV) \times 100\% \tag{3-39}$$

式中，TV 表示过程变差。

5）重复性和再现性接受标准。重复性和再现性接受标准与均值极差法的接受标准相同。

3.4.6 方差分析法*

方差分析适用于分析不同试验条件对试验结果有影响的场合。影响试验结果的条件称为因子或因素。因子常用英文大写字母 A，B，C 表示。因子在试验中所处的状态称为因子的水平，因子 A 的水平记为 $A_1, A_2, \cdots, A_a$。根据因子个数不同分为单因子方差分析、两因子方差分析和多因子方差分析。根据因子之间的关系又分为交叉方差分析和嵌套方差分析。

方差分析的前提假设为：同一条件下的试验结果是来自正态分布的一个样本；不同条件下的正态总体是相互独立的，但各总体的方差相等。

多因子测量系统分析需使用析因分析方法。

1. 单因子方差分析

单因子方差分析适用于试验因子数为 1，水平数为多个的场合。如单因子 A，包括 a 个水平，$A_1, A_2, \cdots, A_a$，每个水平下有 n 个观测值。典型的实验数据见表 3-8。其中，y_{ij} 表示第 i 个水平下的第 j 个观察值。

均值模型，见式（3-40）。

$$y_{ij} = \mu_i + \varepsilon_{ij} \tag{3-40}$$

式中，μ_i 为第 i 个因子水平的均值；$\varepsilon_{ij} \sim N(0, \sigma^2)$ 为随机误差分量。

效应模型，见式（3-41）。

$$y_{ij} = \mu + \tau_i + \varepsilon_{ij} \tag{3-41}$$

式中，μ 为总均值，是所有水平的共同参数；τ_i 为第 i 个因子水平的参数，称为第 i 个处理效应。$\mu + \tau_i = \mu_i$。

表 3-8 单因子方差分析典型实验数据

水平	观测值				和	均值
1	y_{11}	y_{12}	$\cdots$	y_{1n}	$y_{1.}$	$\bar{y}_{1.}$
2	y_{21}	y_{22}	$\cdots$	y_{2n}	$y_{2.}$	$\bar{y}_{2.}$
$\vdots$	$\vdots$	$\vdots$	$\vdots$	$\vdots$	$\vdots$	$\vdots$
a	y_{a1}	y_{a2}	$\cdots$	y_{an}	$y_{a.}$	$\bar{y}_{a.}$
总体					$y_{..}$	$\bar{y}_{..}$

试验中，因子 a 个水平可以通过不同方式进行选择。第一种方式因子 a 个水平是固定的，由此所得结论也仅限于所选定的水平，对应的效应模型称为固定效应模型。第二种方式因子 a 个水平是从总体水平中随机选取的，因此所得结论适用于总体的所有水平，对应的效应模型称为随机效应模型。

（1）固定效应模型 单因子固定效应模型分析通过如下假设检验实现。

原假设 H_0：$\tau_1 = \tau_2 = \cdots = \tau_a = 0$。

备择假设 H_1：$\tau_i \neq 0$。

1）总平方和的分解。数据总变异性由式（3-42）表示。

$$SS_T = \sum_{i=1}^{a} \sum_{j=1}^{n} (y_{ij} - \bar{y}_{..})$$
（3-42）

总平方和可进一步分解为式（3-43）。

$$SS_T = \sum_{i=1}^{a} \sum_{j=1}^{n} (y_{ij} - \bar{y}_{..})$$
$$= n \sum_{i=1}^{a} (\bar{y}_{i.} - \bar{y}_{..})^2 + \sum_{i=1}^{a} \sum_{j=1}^{n} (y_{ij} - \bar{y}_{i.})$$
（3-43）

即式（3-44）。

$$SS_T = SS_A + SS_E$$
（3-44）

式中，SS_A 为处理平方和；SS_E 为误差平方和。

相应地，各个自由度见式（3-45）~式（3-47）。

$$f_T = N - 1 = an - 1$$
（3-45）

$$f_A = a - 1$$
（3-46）

$$f_E = N - a$$
（3-47）

均方分别见式（3-48）、式（3-49）。

$$MS_A = \frac{SS_A}{f_A}$$
（3-48）

$$MS_E = \frac{SS_E}{f_E}$$
（3-49）

均方的期望值为式（3-50）、式（3-51）。

$$E(MS_E) = \sigma^2$$
（3-50）

$$E(MS_A) = \sigma^2 + \frac{n \sum_{i=1}^{a} \tau_i^2}{a - 1}$$
（3-51）

所以方差分别为式（3-52）、式（3-53）。

$$\hat{\sigma}^2 = MS_E$$
（3-52）

$$\hat{\sigma}_\tau^2 = \frac{MS_A - MS_E}{n}$$
（3-53）

统计量 F 见式（3-54）。

$$F = \frac{MS_A}{MS_E}$$
（3-54）

F 服从自由度为 $a-1$ 与 $a(n-1)$ 的 F 分布。

若 F 满足式（3-55）：

$$F > f_\alpha [a-1, a(n-1)]$$
（3-55）

则拒绝原假设 H_0。

2）方差分析表。将上述结果进行整理，得方差分析表，见表3-9。

表3-9 方差分析表

方差来源	平方和	自由度	均方	F
因子 A	SS_A	$a-1$	MS_A	$\dfrac{MS_A}{MS_E}$
误差	SS_E	$N-a$	MS_E	
综合	SS_T	$an-1$		

3）残差分析和模型检验。残差 e_{ij} 定义为式（3-56）。

$$e_{ij} = y_{ij} - \hat{y}_{ij} \tag{3-56}$$

式中，$\hat{y}_{ij} = \bar{y}_{i.}$ 为对应 y_{ij} 的一个估计。

方差分析假设每个因子水平的观测值呈独立的正态分布，且方差相等。该假设可通过残差定性检验。残差应服从独立的正态分布，均值为0，方差为常量。因此，残差应没有明显的模式，同通过残差图形进行分析。

① 残差的正态性检验。用以检测残差的正态性。正态性检验可通过正态概率图或残差直方图。

② 依时间序列的残差图。用以检验残差的独立性。以时间轴为 x 轴，以残差为 y 轴，绘制依时间序列的残差图。根据残差间的相关性分析，对残差的独立性假设进行检验。

③ 残差与拟合值的关系图。用以检测残差的等方差性。以拟合值为 x 轴，残差为 y 轴，绘制残差与拟合值的关系图。在该图中，残差的分布应呈现随机性，不出现任何明显的模式。

④ 残差与其他变量的关系图。用以检验残差与其他变量间是否存在相关关系。以其他变量为 x 轴，残差为 y 轴，绘制残差与其他变量间的关系图。在该图中，残差的分布应呈现随机性，不能出现明显的模式。

（2）随机效应模型 若因子 A 的水平是从众多水平中随机选取的，则该因子 A 是随机的，相应的分析结论对因子 A 全体水平均有效，该类模型为随机效应模型。线性随机效应模型见式（3-57）。

$$y_{ij} = \mu + \tau_i + \varepsilon_{ij} \tag{3-57}$$

式中，μ 为总均值，是所有水平的共同参数；$\tau_i \sim N(0, \sigma_\tau^2)$ 和 $\varepsilon_{ij} \sim N(0, \sigma^2)$ 均为随机变量，观测值 y_{ij} 的方差见式（3-58）。

$$V(y_{ij}) = \sigma_\tau^2 + \sigma^2 \tag{3-58}$$

式中，σ_τ^2 和 σ^2 分别为随机变量 τ_i 和 ε_{ij} 的方差。

原假设 H_0：$\sigma_\tau^2 = 0$。

备择假设 H_1：$\sigma_\tau^2 > 0$。

数据总变异性由式（3-59）表示。

$$SS_T = \sum_{i=1}^{a} \sum_{j=1}^{n} (y_{ij} - \bar{y}_{..}) \tag{3-59}$$

总平方和可进一步分解为式（3-60）。

$$SS_T = \sum_{i=1}^{a} \sum_{j=1}^{n} (y_{ij} - \bar{y}_{..})$$
$$= n \sum_{i=1}^{a} (\bar{y}_{i.} - \bar{y}_{..})^2 + \sum_{i=1}^{a} \sum_{j=1}^{n} (y_{ij} - \bar{y}_{i.}) \tag{3-60}$$

即为式（3-61）。

$$SS_T = SS_A + SS_E \tag{3-61}$$

式中，SS_A 为处理平方和，SS_E 为误差平方和。

相应地，各个自由度分别见式（3-62）～式（3-64）。

$$f_T = N - 1 = an - 1 \tag{3-62}$$

$$f_A = a - 1 \tag{3-63}$$

$$f_E = N - a \tag{3-64}$$

均方分别见式（3-65）、式（3-66）。

$$MS_A = \frac{SS_A}{f_A} \tag{3-65}$$

$$MS_E = \frac{SS_E}{f_E} \tag{3-66}$$

均方的期望值见式（3-67）、式（3-68）。

$$E(MS_E) = \sigma^2 \tag{3-67}$$

$$E(MS_A) = \sigma^2 + \frac{n \sum_{i=1}^{a} \tau_i^2}{a-1} = \sigma^2 + n\sigma_\tau^2 \tag{3-68}$$

所以，方差为式（3-69）、式（3-70）。

$$\hat{\sigma}^2 = MS_E \tag{3-69}$$

$$\hat{\sigma}_\tau^2 = \frac{MS_A - MS_E}{n} \tag{3-70}$$

统计量 F 见式（3-71）。

$$F = \frac{MS_A}{MS_E} \tag{3-71}$$

F 服从自由度为 $a-1$ 与 $a(n-1)$ 的 F 分布。

若 F 满足式（3-72）：

$$F > f_\alpha[a-1, a(n-1)] \tag{3-72}$$

则拒绝原假设 H_0。

2. 双因子方差分析

（1）固定效应模型

固定效应模型为

$$y_{ij} = \mu + \tau_i + \beta_i + (\tau\beta)_{ij} + \varepsilon_{ijk} \tag{3-73}$$

双因子固定效应模型分析通过如下假设检验实现。

原假设 H_0：$\tau_1 = \tau_2 = \cdots = \tau_a = 0$。

备择假设 H_1：$\tau_i \neq 0$。

原假设 H_0：$\beta_1 = \beta_2 = \cdots = \beta_a = 0$。

备择假设 H_1：$\beta_i \neq 0$。

原假设 H_0：$(\tau\beta)_1 = (\tau\beta)_2 = \cdots = (\tau\beta)_a = 0$。

备择假设 H_1：$(\tau\beta)_i \neq 0$。

数据总变异性由式（3-74）表示。

$$SS_T = \sum_{i=1}^{a} \sum_{j=1}^{b} \sum_{k=1}^{n} (y_{ijk} - \bar{y}...) \tag{3-74}$$

总平方和可进一步分解为式（3-75）。

$$SS_T = bn \sum_{i=1}^{a} (\bar{y}_{i.} - \bar{y}...)^2 + an \sum_{j=1}^{b} (\bar{y}_{.j.} - \bar{y}...)^2 +$$

$$n \sum_{i=1}^{a} \sum_{j=1}^{b} (\bar{y}_{ij.} - \bar{y}_{i..} - \bar{y}_{.j.} + \bar{y}...)^2 + \sum_{i=1}^{a} \sum_{j=1}^{b} \sum_{k=1}^{n} (y_{ijk} - \bar{y}_{ij.})^2 \tag{3-75}$$

即为式（3-76）。

$$SS_T = SS_A + SS_B + SS_{AB} + SS_E \tag{3-76}$$

式中，SS_A，SS_B 和 SS_{AB} 分别为因子 A，B 及其交互作用的处理平方和，而 SS_E 为误差平方和。

相应地，各个自由度为式（3-77）~式（3-81）。

$$f_T = N - 1 = abn - 1 \tag{3-77}$$

$$f_A = a - 1 \tag{3-78}$$

$$f_B = b - 1 \tag{3-79}$$

$$f_{AB} = (a - 1)(b - 1) \tag{3-80}$$

$$f_E = ab(n - 1) \tag{3-81}$$

均方分别见式（3-82）~式（3-85）。

$$MS_A = \frac{SS_A}{f_A} \tag{3-82}$$

$$MS_B = \frac{SS_B}{f_B} \tag{3-83}$$

$$MS_{AB} = \frac{SS_{AB}}{f_{AB}} \tag{3-84}$$

$$MS_E = \frac{SS_E}{f_E} \tag{3-85}$$

均方的期望值见式（3-86）~式（3-89）。

$$E(MS_E) = \sigma^2 \tag{3-86}$$

$$E(MS_A) = \sigma^2 + \frac{bn \sum_{i=1}^{a} \tau_i^2}{a - 1} \tag{3-87}$$

$$E(MS_B) = \sigma^2 + \frac{an \sum_{j=1}^{b} \beta_j^2}{b - 1} \tag{3-88}$$

$$E(MS_{AB}) = \sigma^2 + \frac{n \sum_{i=1}^{a} \sum_{j=1}^{b} (\tau\beta)_{ij}^2}{(a - 1)(b - 1)} \tag{3-89}$$

所以可得式（3-90）~式（3-93）。

$$\hat{\sigma}^2 = MS_E \tag{3-90}$$

$$\hat{\sigma}_\tau^2 = \frac{MS_A - MS_E}{bn} \tag{3-91}$$

$$\hat{\sigma}_\beta^2 = \frac{MS_B - MS_E}{an} \tag{3-92}$$

$$\hat{\sigma}_{\tau\beta}^2 = \frac{MS_{AB} - MS_E}{n} \tag{3-93}$$

统计量 F 见式（3-94）~式（3-96）。

$$F_A = \frac{MS_A}{MS_E} \tag{3-94}$$

$$F_B = \frac{MS_B}{MS_E} \tag{3-95}$$

$$F_{AB} = \frac{MS_{AB}}{MS_E} \tag{3-96}$$

F_A 服从自由度为 $a-1$ 与 $ab(n-1)$ 的 F 分布。

若 F_A 满足式（3-97）：

$$F_A > f_\alpha[a-1, ab(n-1)] \tag{3-97}$$

则拒绝原假设 H_0。

F_B 服从自由度为 $b-1$ 与 $ab(n-1)$ 的 F 分布。

若 F_B 满足式（3-98）：

$$F_B > f_\alpha[b-1, ab(n-1)] \tag{3-98}$$

则拒绝原假设 H_0。

F_{AB} 服从自由度为 $(a-1)(b-1)$ 与 $ab(n-1)$ 的 F 分布。

若 F_{AB} 满足式（3-99）：

$$F_{AB} > f_\alpha[(a-1)(b-1), ab(n-1)] \tag{3-99}$$

则拒绝原假设 H_0。

（2）随机效应模型　若因子 A，B 的水平是从众多水平中随机选取的，则该因子 A，B 是随机的，相应的分析结论对因子 A，B 全体水平均有效，该类模型为随机效应模型。线性随机效应模型见式（3-100）。

$$y_{ij} = \mu + \tau_i + \beta_j + (\tau\beta)_{ij} + \varepsilon_{ijk} \tag{3-100}$$

式中，μ 为总均值，是所有水平的共同参数；$\tau_i \sim N(0, \sigma_\tau^2)$，$\beta_j \sim N(0, \sigma_\beta^2)$，$(\tau\beta)_{ij} \sim N(0, \sigma_{\tau\beta}^2)$ 和 $\varepsilon_{ijk} \sim N(0, \sigma^2)$ 均为随机变量，观测值 y_{ij} 的方差见式（3-101）。

$$V(y_{ijk}) = \sigma_\tau^2 + \sigma_\beta^2 + \sigma_{\tau\beta}^2 + \sigma^2 \tag{3-101}$$

式中，σ_τ^2，σ_β^2，$\sigma_{\tau\beta}^2$ 和 σ^2 分别为随机变量 τ_i，β_j，$(\tau\beta)_{ij}$ 和 ε_{ijk} 的方差。

双因子随机效应模型分析通过如下假设检验实现。

原假设 H_0：$\sigma_\tau^2 = 0$。

备择假设 H_1：$\sigma_\tau^2 > 0$。

原假设 H_0：$\sigma_\beta^2 = 0$。

备择假设 H_1：$\sigma_\beta^2 > 0$。

原假设 H_0：$\sigma_{\tau\beta}^2 = 0$。

备择假设 H_1：$\sigma_{\tau\beta}^2 > 0$。

数据总变异性由式（3-102）表示。

$$SS_T = \sum_{i=1}^a \sum_{j=1}^b \sum_{k=1}^n (y_{ijk} - \bar{y}...) \tag{3-102}$$

总平方和可进一步分解为式（3-103）。

$$SS_T = bn \sum_{i=1}^{a} (\bar{y}_{i..} - \bar{y}_{...})^2 + an \sum_{j=1}^{b} (\bar{y}_{.j.} - \bar{y}_{...})^2 +$$

$$n \sum_{i=1}^{a} \sum_{j=1}^{b} (\bar{y}_{ij.} - \bar{y}_{i..} - \bar{y}_{.j.} + \bar{y}_{...})^2 + \sum_{i=1}^{a} \sum_{j=1}^{b} \sum_{k=1}^{n} (y_{ijk} - \bar{y}_{ij.})^2 \quad (3\text{-}103)$$

即见式（3-104）。

$$SS_T = SS_A + SS_B + SS_{AB} + SS_E \quad (3\text{-}104)$$

式中，SS_A，SS_B 和 SS_{AB} 分别为因子 A，B 及其交互作用的处理平方和，SS_E 为误差平方和。

相应地，各个自由度为式（3-105）~式（3-109）。

$$f_T = N - 1 = abn - 1 \quad (3\text{-}105)$$

$$f_A = a - 1 \quad (3\text{-}106)$$

$$f_B = b - 1 \quad (3\text{-}107)$$

$$f_{AB} = (a-1)(b-1) \quad (3\text{-}108)$$

$$f_E = ab(n-1) \quad (3\text{-}109)$$

均方为式（3-110）~式（3-113）。

$$MS_A = \frac{SS_A}{f_A} \quad (3\text{-}110)$$

$$MS_B = \frac{SS_B}{f_B} \quad (3\text{-}111)$$

$$MS_{AB} = \frac{SS_{AB}}{f_{AB}} \quad (3\text{-}112)$$

$$MS_E = \frac{SS_E}{f_E} \quad (3\text{-}113)$$

均方的期望值为式（3-114）~式（3-117）。

$$E(MS_E) = \sigma^2 \quad (3\text{-}114)$$

$$E(MS_A) = \sigma^2 + \frac{bn \sum_{i=1}^{a} \tau_i^2}{a-1} + \frac{n \sum_{i=1}^{a} \sum_{j=1}^{b} (\tau\beta)_{ij}^2}{(a-1)(b-1)} = \sigma^2 + bn\sigma_\tau^2 + n\sigma_{\tau\beta}^2 \quad (3\text{-}115)$$

$$E(MS_B) = \sigma^2 + \frac{an \sum_{j=1}^{b} \beta_j^2}{a-1} + \frac{n \sum_{i=1}^{a} \sum_{j=1}^{b} (\tau\beta)_{ij}^2}{(a-1)(b-1)} = \sigma^2 + an\sigma_\beta^2 + n\sigma_{\tau\beta}^2 \quad (3\text{-}116)$$

$$E(MS_{AB}) = \sigma^2 + \frac{n \sum_{i=1}^{a} \sum_{j=1}^{b} (\tau\beta)_{ij}^2}{(a-1)(b-1)} = \sigma^2 + n\sigma_{\tau\beta}^2 \quad (3\text{-}117)$$

所以可得方差见式（3-118）~式（3-121）。

$$\hat{\sigma}^2 = MS_E \quad (3\text{-}118)$$

$$\hat{\sigma}_\tau^2 = \frac{MS_A - MS_{AB}}{bn} \quad (3\text{-}119)$$

$$\hat{\sigma}_\beta^2 = \frac{MS_B - MS_{AB}}{an} \quad (3\text{-}120)$$

$$\hat{\sigma}_{\tau\beta}^2 = \frac{MS_{AB} - MS_E}{n} \quad (3\text{-}121)$$

统计量 F 见式（3-122）~式（3-124）。

$$F_A = \frac{MS_A}{MS_{AB}} \qquad (3\text{-}122)$$

$$F_B = \frac{MS_B}{MS_{AB}} \qquad (3\text{-}123)$$

$$F_{AB} = \frac{MS_{AB}}{MS_E} \qquad (3\text{-}124)$$

F_A 服从自由度为 $a-1$ 与 $(a-1)(b-1)$ 的 F 分布。

若 F_A 满足式（3-125）：

$$F_A > f_\alpha [a-1,(a-1)(b-1)] \qquad (3\text{-}125)$$

则拒绝原假设 H_0。

F_B 服从自由度为 $b-1$ 与 $(a-1)(b-1)$ 的 F 分布。

若 F_B 满足式（3-126）：

$$F_B > f_\alpha [b-1,(a-1)(b-1)] \qquad (3\text{-}126)$$

则拒绝原假设 H_0。

F_{AB} 服从自由度为 $(a-1)(b-1)$ 与 $ab(n-1)$ 的 F 分布。

若 F_{AB} 满足式（3-127）：

$$F_{AB} > f_\alpha [(a-1)(b-1),ab(n-1)] \qquad (3\text{-}127)$$

则拒绝原假设 H_0。

3. 基于方差分析法的 GR&R 分析

（1）重复性和再现性分析指南　与均值-极差法相同。

（2）重复性和再现性计算　使用方法分析进行重复性变差、再现性变差、评价人和零件交互作用变差、测量变差、零件间变差及总变差的计算，进而计算 % R&R 及数据分级数并对测量系统的重复性和再现性是否可以接受进行判断。

3.4.7　自动生成重复性和再现性分析的测量方案

在进行重复性和再现性分析时，为获得分析所需数据，需进行测量。测量方案的设计应尽可能满足测量顺序的随机化，确保盲测。为此，可通过 Minitab 自动生成重复性和再现性分析所需的测量方案。具体操作见表 3-10。

表 3-10　用 Minitab 自动生成重复性和再现性分析所需的测量方案

步骤	操　作
1	在"统计"菜单中选择：质量工具→量具研究→创建量具 R&R 研究工作表，如图 3-27 所示，出现"创建量具 R&R 研究工作表"对话框
2	在"创建量具 R&R 研究工作表"对话框中 在"部件数"栏中输入：被测零件数量（如 10）；在"操作员数"栏中输入：测量人员数量（如 2）；在"仿行数"栏中输入：重复测量次数（如 3），如图 3-28 所示
3	最后单击"确定"，生成测量方案，如图 3-29 所示 其中，运行序表示实际的测量顺序，每行代表一次测量，列出了本次测量的测量人员，被测零件编号

根据生成的量具 R&R 研究工作表，按其中的运行序，依次完成测量，并将测量结果记

入该工作表。

图 3-27　创建量具 R&R 研究工作表的菜单

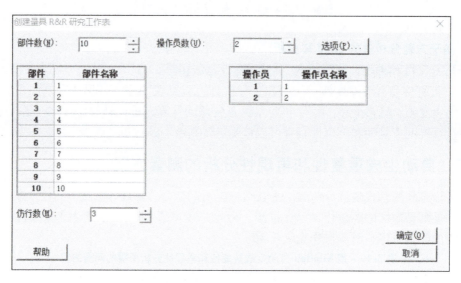

图 3-28　创建量具 R&R 研究工作表的对话框

3.4.8　产生重复性和再现性的原因

（1）造成重复性的可能原因

1）评价人内部：技巧、经验、位置、操作技能或培训、意识、疲劳等导致的波动。

2）量具内部：质量、等级、磨损等导致的波动。

3）被测零件内部：形状、位置、表面粗糙度、锥度等导致的波动。

4）测量方法内部：作业准备、技巧、归零、固定、夹持、点密度的变差。

5）测量环境内部：温度、湿度、振动、清洁的小幅度波动。

（2）造成再现性的可能原因

1）评价人之间：不同评价人之间，由于培训、技巧、技能和经验所造成的平均值差异。

2）量具之间：在相同被测零件、评价人和测量环境下，使用不同量具测量的平均差异。

3）被测零件之间：使用相同的量具、评价人和方法测量不同零件时的平均差异。

4）标准之间：在测量过程中，不同设定标准的平均影响。

5）测量方法之间：由于改变测量点密度、手动或自动系统、归零、固定或夹持方法等造成的平均值差异。

6）测量环境之间：不同测量环境变量造成的平均值差异。

C1	C2	C3-T	C4-T
标准序	运行序	部件	操作员
15	1	8	1
19	2	10	1
3	3	2	1
1	4	1	1
7	5	4	1
9	6	5	1
13	7	7	1
5	8	3	1
17	9	9	1
11	10	6	1
20	11	10	2
16	12	8	2
8	13	4	2
18	14	9	2
4	15	2	2
10	16	5	2
2	17	1	2
6	18	3	2
12	19	6	2
14	20	7	2

图 3-29　自动生成的量具 R&R 研究工作表

（3）重复性和再现性的改进方向

1）如果重复性 > 再现性：量具需要维护；量具应重新设计以提高刚度；量具夹紧或零件定位方式（检验点）需加以改善；存在过大的零件内变差。

2）如果再现性 > 重复性：需要对评价人如何使用量具和读数进行更好的培训，作业标准应再确定或修订；量具刻度盘上的刻度不清楚；可能需要某些夹具协助评价人，使评价人更具一致性地使用量具；量具与夹具按校验频率在入厂及送修纠正后须再做测量系统分析，并做好记录。

3.4.9　示例

（1）控制图法　现有一测量系统，需对其重复性和再现性进行分析。该测量系统包括 2 个评价人，现选择一涵盖制造过程变差的由 5 个被测零件构成的样本进行测量，每个评价人对每个被测零件重复测量 3 次，测量结果见表 3-11。试分析该测量系统的重复性和再现性。

计算每个评价人对每个被测零件 3 次重复测量结果的均值 $\bar{x}$ 和极差 R，以及均值的均值 $\bar{\bar{x}}$，极差的均值 $\bar{R}$，见表 3-11。

表 3-11　重复性和再现性分析实例 1 数据（求重复测量极差）

评价人	甲					乙				
被测零件号	1	2	3	4	5	1	2	3	4	5
试验次数	217	220	217	214	216	216	216	216	216	220
	216	216	216	212	219	219	216	215	212	220
	216	218	216	212	220	220	220	216	212	220
均值 $\bar{x}$	216.3	218.0	216.3	212.7	218.3	218.3	217.3	215.7	213.3	220.0
$\bar{\bar{x}}$	216.6									
极差 R	1.0	4.0	1.0	2.0	4.0	4.0	4.0	1.0	4.0	0.0
$\bar{R}$	2.5									

计算零件均值和极差控制图的控制限。

$$\begin{cases} \mathrm{CL}_X = \bar{\bar{x}} = 216.6 \\ \mathrm{UCL}_X = \bar{\bar{x}} + A_2\bar{R} = 216.6 + 1.023 \times 2.5 \approx 219.2 \\ \mathrm{LCL}_X = \bar{\bar{x}} - A_2\bar{R} = 216.6 - 1.023 \times 2.5 \approx 214.1 \end{cases}$$

$$\begin{cases} \mathrm{CL}_R = \bar{R} = 2.6 \\ \mathrm{UCL}_R = D_4\bar{R} = 2.575 \times 2.5 \approx 6.4 \\ \mathrm{LCL}_R = D_3\bar{R} = 0.000 \times 2.5 = 0.0 \end{cases}$$

绘制零件均值和极差控制图，如图 3-30 所示。

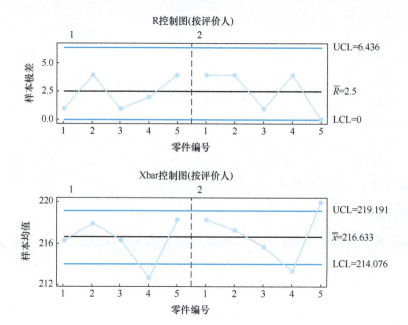

图 3-30 零件均值和极差控制图

由图 3-30 可见，零件极差控制图受控。零件均值控制图中，10 点只有 1 点超出控制限，表明测量系统的分辨率不够，重复性和再现性不能接受。

（2）均值极差法

1）重复性标准差和变差。重复性标准差 σ_e。

$$\sigma_e = \frac{\bar{R}}{d_2^*} = \frac{2.5}{1.72} \approx 1.45$$

重复性变差 EV。

$$\mathrm{EV} = 5.15\sigma_e = 5.15 \times 1.45 \approx 7.5$$

2）再现性标准差和变差。为便于求解评价人间的极差，将表 3-11 重新整理为表 3-12。

表 3-12　重复性和再现性分析实例 1 数据（求评价人间的极差）

评价人	甲					乙				
被测零件号	1	2	3	4	5	1	2	3	4	5
试验 次数	217	220	217	214	216	216	216	216	216	220
	216	216	216	212	219	219	216	215	212	220
	216	218	216	212	220	220	220	216	212	220
均值	216. 3333333					216. 9333333				
极差	0. 6									

未修正的再现性标准差 $\sigma_{\rm o}$。

$$\sigma_{\rm o} = \frac{R_{\rm o}}{d_2^*} = \frac{0.6}{1.41} \approx 0.426$$

修正后的再现性标准差 $\sigma'_{\rm o}$。

$$\sigma'_{\rm o} = \sqrt{\sigma_{\rm o}^2 - \frac{\sigma_{\rm e}^2}{m \times g}} = \sqrt{0.426^2 - \frac{1.45^2}{5 \times 3}} \approx 0.2$$

再现性变差 AV 的计算为

$$AV = 5.15 \sigma'_{\rm o} = 5.15 \times 0.2 = 1.03$$

3）测量标准差和变差。测量标准差 σ_m。

$$\sigma_m = \sqrt{0.2^2 + 1.45^2} \approx 1.464$$

测量变差 R&R 的计算如下。

$$R\&R = \sqrt{EV^2 + AV^2} = 5.15 \sigma_m = 5.15 \times 1.464 \approx 7.54$$

4）零件间标准差和变差。为便于求解零件间极差，将表 3-11 重新整理为表 3-13。
零件间标准差 $\sigma_{\rm p}$。

$$\sigma_{\rm p} = \frac{R_{\rm p}}{d_2^*} = \frac{6.2}{2.48} \approx 2.5$$

零件间变差 PV。

$$PV = 5.15 \sigma_{\rm p} = 5.15 \times 2.5 \approx 12.9$$

表 3-13　重复性和再现性分析实例 1 数据（求零件间极差）

被测零件号				1	2	3	4	5
评价人	甲	试验 次数	1	217	220	217	214	216
			2	216	216	216	212	219
			3	216	218	216	212	220
	乙	试验 次数	1	216	216	216	216	220
			2	219	216	215	212	220
			3	220	220	216	212	220
平均值				217. 3	217. 7	216. 0	213. 0	219. 2
极差				6. 2				

5）总标准差和变差。总标准差 σ_t。

$$\sigma_t = \sqrt{\sigma_m^2 + \sigma_p^2} = \sqrt{2.5^2 + 1.46^2} \approx 2.9$$

总变差 TV。

$$TV = \sqrt{R\&R^2 + PV^2} = \sqrt{7.54^2 + 12.9^2} \approx 14.942$$

6）%R&R 及数据分级数。%R&R。

$$\%R\&R = \frac{R\&R}{TV} \times 100\% = \frac{7.57}{14.942} \times 100\% \approx 50.6\% > 30\%$$

数据分级数 n_{dc}。

$$n_{dc} = 1.41 \frac{\sigma_p}{\sigma_m} = 1.41 \frac{PV}{R\&R} = 1.41 \times \frac{12.9}{7.57} \approx 2.4 \approx 2 < 5$$

7）重复性和再现性是否可接受的判断。由于%R&R>30%，且数据分级数 $n_{dc} < 5$，因此该测量系统的重复性和再现性不能接受，需要改进。

（3）基于 Minitab 实现重复性和再现性分析　使用 Minitab 进行基于均值极差法的重复性和再现性分析见表3-14。

表3-14　用 Minitab 进行基于均值极差法的重复性和再现性分析

步骤	操　作
1	打开 Minitab 数据表，输入测量结果 在 C1 列中依次输入被测零件编号 在 C2 列中依次输入对应零件的评价人 在 C3 列中依次输入对应零件的测量值
2	在"统计"菜单中选择：质量工具→量具研究→量具 R&R 研究（交叉），如图3-31所示，出现"量具 R&R 研究（交叉）"对话框
3	在"量具 R&R 研究（交叉）"对话框中 在"部件号"栏中输入：'零件编号'；在"操作员"栏中输入：'评价人'；在"测量数据"栏中输入：'测量值'；在"分析方法"栏中勾选"Xbar 和 R（X）"选项，如图3-32所示
4	单击"选项"按钮，在弹出的对话框中，可在"变异："中设置标准差的倍数，可按置信概率设置，默认是6，如图3-33所示
5	最后单击"确定"，出现会话窗口结果和图形分析结果，如图3-34和图3-35所示
6	根据接收准则判定测量系统的重复性和再现性是否可以接受

由图3-34可知，%R&R =50.92% >30%，且可区分的类别数 =2 <5，因此，该测量系统的重复性和再现性不可接受。

为进一步分析造成重复性和再现性不可接受的原因，可结合图3-35的六合一图进行分析。零件均值控制图中失控点数未超过总点数的50%，同样说明该测量系统分辨率不足。由变异分量图可见，重复性变差大是造成测量变差大的主要原因。因此，需着重改进该测量系统的重复性变差。

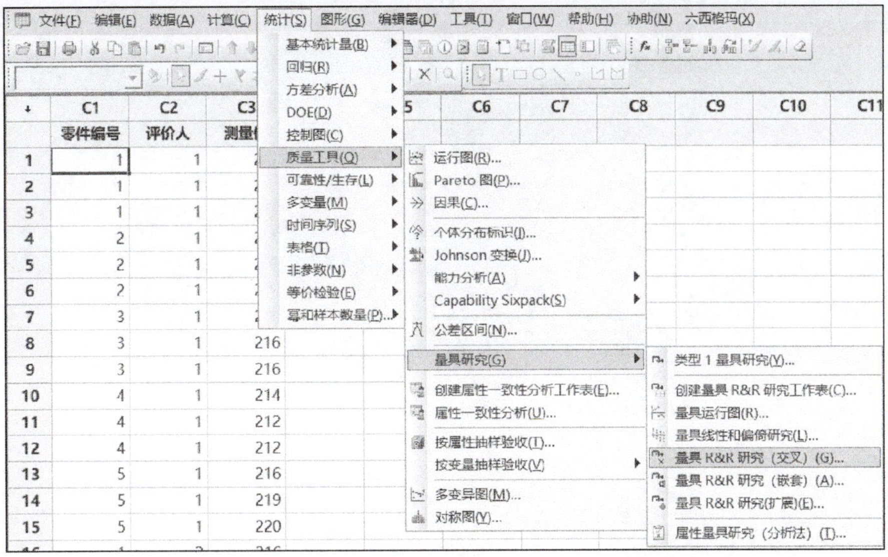

图 3-31　重复性和再现性分析 Minitab 菜单

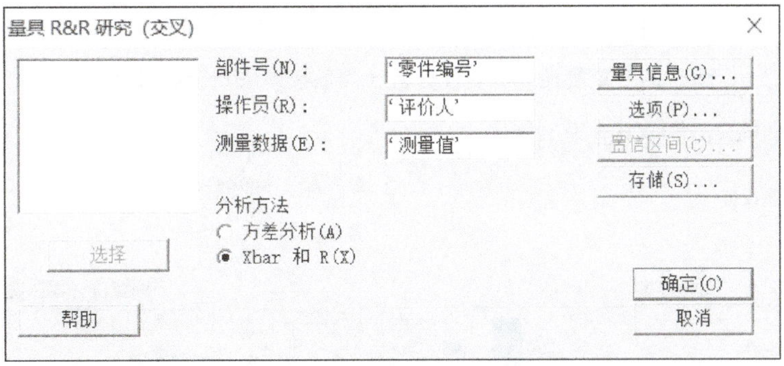

图 3-32　重复性和再现性分析 Minitab 对话框设置

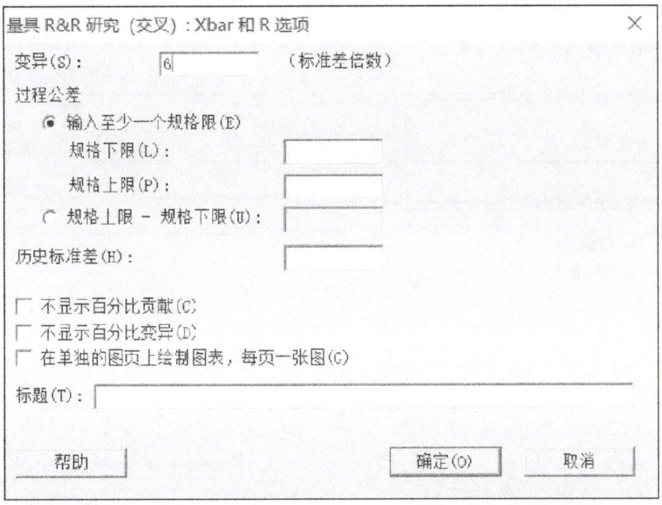

图 3-33　重复性和再现性分析"选项"对话框设置

量具 R&R 研究 - XBar/R 法

测量值 的量具 R&R

量具名称： XX测量设备
研究日期： 2022-9-24
报表人： Thomas
公差：
其他：

来源	方差分量	方差分量贡献率
合计量具 R&R	2.16161	25.92
重复性	2.12316	25.46
再现性	0.03846	0.46
部件间	6.17680	74.08
合计变异	8.33841	100.00

来源	标准差(SD)	研究变异(6 × SD)	%研究变异(%SV)
合计量具 R&R	1.47024	8.8215	50.92
重复性	1.45711	8.7426	50.46
再现性	0.19610	1.1766	6.79
部件间	2.48532	14.9119	86.07
合计变异	2.88763	17.3258	100.00

可区分的类别数 = 2

图 3-34　重复性和再现性分析（均值极差法）会话窗口结果

测量值的量具R&R(Xbar/R)报告

量具名称：××测量设备
研究日期：2022-9-24

报表人：Thomas
公差：
其他：

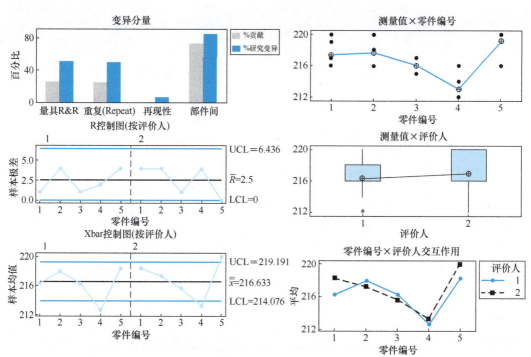

图 3-35　重复性和再现性分析（均值极差法）图形分析结果

（4）极差法　现有一测量系统，包含 2 个评价人，5 个覆盖制造过程变差的零件，每个评价人对每个零件测量 1 次，测量结果见表 3-15。已知过程变差为 0.40。试用极差法对该测量系统的重复性和再现性进行分析。

表 3-15　重复性和再现性分析实例 2 数据

被测零件号	评价人（甲）	评价人（乙）	极差 R（甲-乙）
1	0.85	0.80	0.05
2	0.75	0.70	0.05
3	1.00	0.95	0.05
4	0.45	0.55	0.10
5	0.50	0.60	0.10

$$\overline{R} = \frac{0.35}{5} = 0.07$$

$$R\&R = 5.15 \times \frac{\overline{R}}{d_2^*} = 5.15 \times \frac{0.07}{1.19} = 0.303$$

$$\%R\&R = 100\% \times \frac{0.303}{0.40} = 75.8\% > 30\%$$

可见，该测量系统的重复性和再现性不可接受。

（5）方差分析法　使用表 3-11 中实例数据进行分析。

使用 Minitab 进行基于方差分析法的重复性和再现性分析见表 3-16。

表 3-16　用 Minitab 进行基于方差分析法的重复性和再现性分析

步骤	操　作
1	打开 Minitab 数据表，输入测量结果 在 C1 列中依次输入零件编号 在 C2 列中依次输入对应零件的评价人 在 C3 列中依次输入对应零件的测量值
2	在"统计"菜单中选择：质量工具→量具研究→量具 R&R 研究（交叉），如图 3-31 所示，出现"量具 R&R 研究（交叉）"对话框
3	在"量具 R&R 研究（交叉）"对话框中： 在"部件号"栏中输入：'零件编号'；在"操作员"栏中输入：'评价人'；在"测量数据"栏中输入：'测量值'；在"分析方法"栏中勾选"方差分析（A）"选项，如图 3-36 所示
4	单击"选项"按钮，在弹出的对话框中，可在"变异："中设置标准差的倍数，可按置信概率设置，默认是 6
5	最后单击"确定"，弹出会话窗口结果和图形分析结果，如图 3-37 和图 3-38 所示
6	根据接收准则判定测量系统的重复性和再现性是否可以接受

图 3-36　重复性和再现性分析 Minitab 对话框设置

由图 3-37 可见，% R&R = 58.18% > 30%，且可区分的类别数 = 1 < 5，因此，该测量系统的重复性和再现性不可接受。

需要说明的是：方差分析中，由于考虑了评价人和部件间的交互作用，而交互作用变差同样计入 R&R 中，因此，% R&R 的值大于均值极差法中的 % R&R 值，而可区分的类别数则小于均值极差法中的可区分的类别数。

与均值极差法类似，为进一步分析造成重复性和再现性不可接受的原因，可结合图 3-38 的六合一图进行分析。零件均值控制图中失控点数未超过总点数的 50%，同样说明该测量系统分辨率不足。由变异分量图可见，重复性变差大是造成测量变差大的主要原因，因此，需着重改进该测量系统的重复性变差。

量具 R&R

来源	方差分量	方差分量贡献率
合计量具 R&R	2.54444	33.85
重复性	2.53333	33.70
再现性	0.01111	0.15
评价人	0.01111	0.15
部件间	4.97222	66.15
合计变异	7.51667	100.00

来源	标准差(SD)	研究变异(6 × SD)	%研究变异(%SV)
合计量具 R&R	1.59513	9.5708	58.18
重复性	1.59164	9.5499	58.05
再现性	0.10541	0.6325	3.84
评价人	0.10541	0.6325	3.84
部件间	2.22985	13.3791	81.33
合计变异	2.74165	16.4499	100.00

可区分的类别数 = 1

图 3-37　重复性和再现性分析（方差分析法）会话窗口结果

测量值的量具R&R(方差分析)报告

量具名称：××测量设备
研究日期：2022-9-24

报表人：Thomas
公差：
其他：

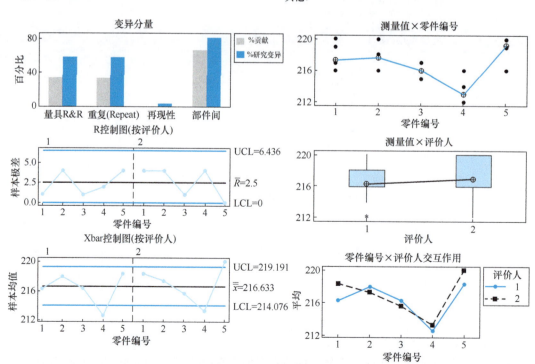

图 3-38　重复性和再现性分析（方差分析法）图形分析结果

拓展阅读

"稳如泰山"

稳定性分析要求偏倚随时间的变化是受控的。在不同的时刻，偏倚的变化始终是在可控范围内。即偏倚随时间的变化是稳定的。稳定性是进行其他测量系统统计特性指标分析的前提。不稳定，表示测量过程受到异常因素的干扰，处于失控的非正常状态。此时，对测量系统质量的评价是没有意义的。由此可见，"稳定"对测量系统的重大意义，测量系统需要"稳如泰山"。

"稳定"对生产和生活同样非常重要，是完成既定目标的前提。在企业生产中，要重视"稳定"，做好过程管理和控制，识别和消除异常因素的干扰，确保过程稳定，管控过程质量水平，生产按计划完成预期目标。在日常生活中，同样要重视"稳定"，制定目标后，做好自我管理，确保情绪稳定，发掘出个人真实能力，有序完成既定任务和稳步实现人生目标。

"对标提升"

偏倚分析是基于测量结果均值与基准侧的差值，即偏倚可被接受的前提是测量结果分布中心尽可能接近基准值。基准值可视为被测量的标准值或真值，偏倚分析的要求是对照被测量的基准值，分析测量系统的准确度是否满足测量要求，可视为一种对标分析的过程，若偏倚不被接受，则需对测量系统进行改进，提升测量系统的质量。从这个角度分析，偏倚分析可视为一种"对标提升"的活动。

"对标提升"也是一种常见的自我提升的有效方式。通过对标优秀的参照物或人，查找存在的差距，进一步分析存在差距的原因，并据此提出改进措施，实施后实现自我提升。

"全域卓越"

线性分析是通过对工作量程范围内偏倚的变化进行分析，确保工作量程范围内测量系统的偏倚均可以接受。线性分析常通过抽取覆盖工作量程范围的多个基准件为样本，对其进行偏倚的统计分析，进而实现线性的计算和评价，要求以基准件构成的样本所代表的总体，其偏倚统计特征在工作量程全域内均符合测量要求，即使少数偏倚不能接受，也会导致测量系统线性不能接受，即要求测量系统在工作量程全域内均需具有卓越的质量。

基于"木桶理论"，一只水桶能盛多少水，并不取决于最长的那块木板，而是取决于最短的那块木板。因此，我们应具有全域卓越的意识，从全局的视角出发，尽可能避免存在明显的短板。

"精益求精"

重复性和再现性分析要求测量系统变差与总变差的占比小于或等于10%或30%，重复性要求评价人内变差小，再现性要求评价人间变差小，由此不仅评价人个体需要具备工匠精神，刻苦钻研自身测量技术，评价人整体同样需要具备工匠精神，不断减小评价人造成的测量变差。在质量强国时代，对高质量的追求，将使制造过程变差越来越小，由此必然对测量系统提出更高的要求，测量过程变差须相应变得更小，评价人更应具备精益求精的精神，以确保测量系统变差持续满足制造过程提出的不断提高的测量要求。

在质量强国的时代，"精益求精"的工匠精神是每个质量人必须具备的基本素养。只有具备"精益求精"的意识，才能持续推进质量改进，才能不断实现人民对美好生活的向往。

思考与练习

3-1 试述稳定性的定义。

3-2 试述稳定性分析数据测量步骤。

3-3 稳定性分析所使用的控制图与统计过程控制（SPC）中控制图的区别是什么？

3-4 为分析某测量系统的稳定性，现选定一零件作为样品，已测得其基准值为74.000，且使用被分析的测量系统对该零件进行了20组测量，每组重复测5次，测量数据见表3-17，试计算均值极差控制图的上下控制限。

表3-17 测量数据

子组	1	2	3	4	5	6	7	8	9	10
1	74.030	73.995	73.988	74.002	73.992	74.009	73.995	73.985	74.008	73.998
2	74.002	73.992	74.024	73.996	74.007	73.994	74.006	74.003	73.995	74.000
3	74.019	74.001	74.021	73.993	74.015	73.997	73.994	73.993	74.009	73.990
4	73.992	74.001	74.005	74.015	73.989	73.985	74.000	74.015	74.005	74.007
5	74.008	74.011	74.002	74.009	74.014	73.993	74.005	73.998	74.004	73.995
子组	11	12	13	14	15	16	17	18	19	20
1	73.994	74.004	73.983	74.006	74.012	74.000	73.994	74.006	73.984	74.000
2	73.998	74.000	74.002	73.967	74.014	73.984	74.012	74.010	74.002	74.010
3	73.994	74.007	73.998	73.994	73.998	74.005	73.986	74.018	74.003	74.013
4	73.995	74.000	73.997	74.000	73.999	73.998	74.005	74.003	74.005	74.020
5	73.990	73.996	74.012	73.984	74.007	73.996	74.007	74.000	73.997	74.003

3-5 试对3-4应用Minitab实现稳定性分析。

3-6 试述偏倚的定义。

3-7 试述偏倚分析数据测量步骤。

3-8 为什么在偏倚分析前需先进行测量数据的正态性检验？

3-9 偏倚分析中，独立样本法和控制图法的区别是什么？

3-10 为对某由游标卡尺为量具组成的测量系统进行偏倚分析，选择一已知基准值的零件作为样品，其基准值为10.10mm。已知制造该零件的过程变差为0.23mm。选择一位使用该测量系统的评价人用该测量系统对该零件进行10次重复测量，测量结果为：10.07mm，10.07mm，10.08mm，10.08mm，10.09mm，10.08mm，10.08mm，10.07mm，10.07mm，10.08mm。试对该测量系统应用单样本t检验进行偏倚=0的假设检验。

3-11 试对3-10，应用Minitab实现偏倚分析。

3-12 试述线性的定义。

3-13　线性定义中所述的工作量程的含义是什么？

3-14　试述线性与斜率、工作量程的关系。

3-15　试述线性分析数据测量步骤。

3-16　线性分析与工作量程范围内多点偏倚分析的区别是什么？

3-17　某企业质量部门需对新购的某测量系统进行线性分析，在测量系统的工作量程范围内选择了 5 个零件，且所选 5 个零件的测量特性值覆盖该测量系统的工作量程范围。在计量室测得 5 个零件的基准值，同时已知过程变差为 8.00，测量结果见表 3-18。试应用一元线性回归计算线性和% 线性。

表 3-18　3-17 测量结果

基准值		21.00	23.00	25.00	27.00	29.00
试验次数	1	21.70	23.30	25.10	27.10	29.00
	2	21.49	23.40	25.10	27.20	28.90
	3	21.40	23.20	25.20	27.10	28.90
	4	21.40	23.30	25.20	27.00	29.10
	5	21.60	23.30	25.00	27.20	29.00
	6	21.50	23.40	25.10	27.10	29.00
	7	21.40	23.40	25.00	27.20	28.90
	8	21.40	23.40	25.10	27.10	28.90
	9	21.50	23.20	25.20	27.00	29.00
	10	21.50	23.30	25.30	27.10	29.10

3-18　试对 3-17 应用 Minitab 实现线性分析。

3-19　试述重复性和再现性的定义。

3-20　试述重复性和再现性分析数据测量的步骤。

3-21　某企业质量部门为分析某测量系统的重复性和再现性，从生产过程中选择了 10 个零件，并选择 2 个使用该量具的评价人进行研究，每个评价人对每个零件重复测量 2 次，测量结果见表 3-19，试应用均值极差法进行重复性和再现性分析。

表 3-19　3-21 测量结果

零件编号	评价人 A			评价人 B			零件均值
	第 1 次测量值	第 2 次测量值	两次测量极差	第 1 次测量值	第 2 次测量值	两次测量极差	
1	37.3	37.3	0.0	37.5	37.3	0.2	37.35
2	37.0	36.7	0.3	37.5	37.4	0.1	37.15
3	36.4	37.3	0.9	37.5	37.4	0.1	37.15
4	37.6	37.6	0.0	37.5	37.5	0.0	37.55
5	36.7	37.8	1.1	37.9	37.6	0.3	37.50
6	37.5	37.6	0.1	38.4	37.8	0.6	37.83
7	37.0	37.1	0.1	37.1	37.4	0.3	37.15
8	37.7	37.6	0.1	37.6	37.5	0.1	37.60
9	36.4	36.6	0.2	37.1	36.7	0.4	36.70
10	37.2	37.0	0.2	37.1	37.2	0.1	37.13
平均值	37.17		18.91	37.45		0.22	

3-22　试对 3-21 应用 Minitab 实现重复性和再现性的方差分析。

3-23　试述应用 Minitab 进行重复性和再现性分析结果中"六合一图"的作用。

3-24　为什么基于方差分析所得的 R&R 大于基于均值极差法所得的 R&R？

3-25　试述极差法、均值极差法、方差分析法的优缺点。

3-26　重复性和再现性分析中所使用的控制图在用法上与稳定性分析、统计过程控制中所使用的控制图的区别分别是什么？

3-27　在各类测量系统变差分析中，需先进行稳定性分析的原因是什么？

3-28　在测量系统宽度变差分析中，各类变差的来源是什么？

第4章

计数型测量系统分析

【学习目标】

掌握：量具性能曲线分析方法；一致性分析方法；相关性分析方法；Minitab 操作。

熟悉：属性一致性分析目的。

了解：一致性检验理论；相关性检验理论。

产生离散测量值的测量系统称为计数型测量系统。离散的测量值又分为定类数据和定序数据。定类数据是按照目标特性差异进行辨别和分类的结果，可用文字、数字表示，仅作为一种标识，如"合格""不合格"。定序数据是按目标特性的顺序差异进行辨别和分类的结果，同样可以用文字或数字表示，作为一种标识，如"优""良""中""差"。定类数据与定序数据的主要区别在于，定序数据间存在自然顺序，而定类数据间是平等的，无自然顺序。

根据测量系统对被测量是否可实现物理测量，计数型测量系统分析方法包括基于量具性能曲线（Gage Performance Curve，GPC）的分析方法和基于一致性分析的分析方法。如果计数型测量系统可实现被测量的物理测量，则使用基于量具性能曲线的计数型测量系统分析方法，否则使用基于一致性分析的计数型测量系统分析方法。

4.1 量具性能曲线

基于量具性能曲线的分析方法称为解析法。解析法又包括 AIAG 法和回归法。

量具性能曲线

4.1.1 解析法分析步骤

（1）稳定性分析　验证并控制测量过程是稳定的。应用计数型控制图，对测量过程的稳定性进行分析和控制，确保测量过程是稳定的。

（2）零件选择　选择 m 个零件，且获取其基准值。所选择的零件需覆盖制造过程变差范围，按近似等距离间隔选取。对于 AIAG 法，m 为 8。对于回归法，$m \geq 8$。

（3）测量　对每个零件重复测量 g 次，同时记录每个零件的接受数 a。对于 AIAG 法，$g = 20$。对于回归法，g 可以减少到 15。

（4）应用接受准则 对于 AIAG 法，只能有一个具有接受数 $a=0$ 的零件和只能有一个具有接受数 $a=20$ 的零件。在这两个零件之间只能恰好有 6 个零件，且满足 $1 \leqslant a \leqslant g-1$。

对于回归法，满足 $1 \leqslant a \leqslant g-1$ 的零件可以多于 6 个。

在 $a=0$ 端，从 $a=0$ 的最大测量值开始；在 $a=20$ 端，从 $a=20$ 的最小测量值开始；从 $a=0$ 和 $a=20$ 两端开始并且向零件范围的中间进行，等间隔选择零件。

若基准值最小零件 $a \neq 0$，则选择基准值逐渐减小的零件进行评价，直到满足 $a=0$ 为止。

若基准值最大零件 $a \neq 20$，则选择基准值逐渐增大的零件进行评价，直到满足 $a=20$ 为止。

若另外的 $g-2$ 个零件不满足 $1 \leqslant a \leqslant g-1$，则需要在零件基准值范围内选择其他满足要求的零件，可选择原相邻基准值间的中间值对应的零件，直至满足要求为止。

（5）计算概率 计算各零件的接受概率，见式（4-1）。

$$P'_a = \begin{cases} \dfrac{a+0.5}{m}, & \dfrac{a}{m} < 0.5, \quad a \neq 0 \\[2mm] \dfrac{a-0.5}{m}, & \dfrac{a}{m} > 0.5, \quad a \neq 20 \\[2mm] 0.5, & \dfrac{a}{m} = 0.5 \\[2mm] 0.025, & a = 0 \\[2mm] 0.975, & a = 20 \end{cases} \tag{4-1}$$

（6）绘制量具性能曲线 重复性和再现性服从正态分布。若 UL 为上规范限，LL 为下规范限。在单边讨论情况下，若使用的是下规范限 LL，则满足式（4-2）。

$$P_a = 1 - \Phi\left(\frac{\text{LL} - (X_T + b)}{\sigma}\right) \tag{4-2}$$

以零件的基准值 X_T 为横坐标，零件的接受概率 P_a 为纵坐标，使用普通坐标纸绘制 GPC，如图 4-1 所示。

若使用的是上规范限 UL，则满足式（4-3）。

$$P_a = \Phi\left(\frac{\text{UL} - (X_T + b)}{\sigma}\right) \tag{4-3}$$

使用普通坐标纸绘制 GPC，如图 4-2 所示。

使用式（4-1）计算零件的接受概率 P'_a，将计算得到的所有值在正态概率坐标上绘制 GPC，单边限值的图形如图 4-3 所示。

（7）分析步骤

1）直线拟合。为从统计意义上得到更精确的重复性和再现性的估计值，可对正态概率坐标上绘制的各点进行直线拟合。

与普通概率图不同，在正态概率图上，由于纵坐标的间隔是根据零件接受概率 P'_a 的逆累积分布函数返回值 $\Phi^{-1}(P'_a)$ 确定的，等间隔接受概率的相邻点在正态概率图上的纵坐标的间隔并不相等，因此在正态概率坐标上进行所有点的直线拟合时，其拟合直线的方程见式（4-4）。

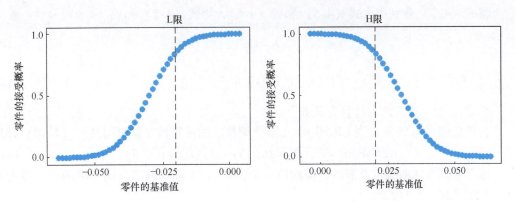

图 4-1　使用下规范限时在普通
坐标纸上绘制的 GPC

图 4-2　使用上规范限时在普通坐标
纸上绘制的 GPC

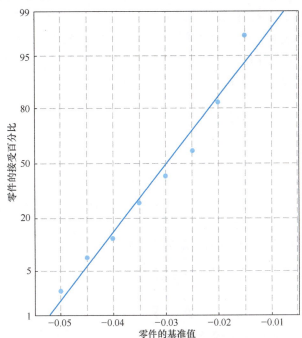

图 4-3　在正态概率坐标上绘制的 GPC

$$\Phi^{-1}(P'_a) = cX_T + d \tag{4-4}$$

2）重复性和偏倚计算。步骤如下：

① 偏倚。偏倚估计值的计算方法如下：

若为下规范限，则可得式（4-5）。

$$b = \mathrm{LL} - X_T(P'_a = 0.5) \tag{4-5}$$

若为上规范限，则可得式（4-6）。

$$b = \mathrm{UL} - X_T(P'_a = 0.5) \tag{4-6}$$

当 $P'_a = 0.5$ 时，$\Phi^{-1}(0.5) = 0$。由式（4-4）可得式（4-7）。

$$X_T(P'_a = 0.5) = -\frac{d}{c} \tag{4-7}$$

将式（4-7）分别代入式（4-5）和式（4-6），得式（4-8）和式（4-9）。

$$b = \text{LL} + \frac{d}{c} \tag{4-8}$$

$$b = \text{UL} + \frac{d}{c} \tag{4-9}$$

② 重复性。重复性的计算方法如下：

若置信概率为 99%，则 GR&R $= 5.15\sigma$。调整前的重复性变差可通过式（4-10）计算。

$$\text{GR\&R} = X_T(P'_a = 0.995) - X_T(P'_a = 0.005) \tag{4-10}$$

基于量具性能曲线求重复性，需除以一个常数 1.08 进行调整，调整后的重复性变差的计算方法见式（4-11）。

$$R_e = \frac{X_T(P'_a = 0.995) - X_T(P'_a = 0.005)}{1.08} \tag{4-11}$$

式中，1.08 为模拟所得常量，称为调整因子。

3）偏倚的显著性检验。偏倚的显著性检验通过构建 t 统计量，进一步基于 t 检验实现。

① AIAG 法。AIAG 法中的 t 统计量计算见式（4-12）。

$$t_A = \frac{31.3 \times |b|}{R_e} \tag{4-12}$$

该 t_A 统计量服从自由度为 19 的 t 分布。

进行单样本 t 检验。

$$H_0: b = 0$$
$$H_1: b \neq 0$$

在显著性水平 $\alpha = 0.05$ 上，根据该统计量 t_A 与自由度 19 计算 p 值，并将该 p 值与 α 比较。若 $p < \alpha$，则表明偏倚是显著的。

② 回归法。回归法中的 t 统计量计算见式（4-13）。

$$t_r = \frac{c \times \text{LL} + d}{s \sqrt{\dfrac{1}{m} + \dfrac{(\text{LL} - \bar{x}_T)^2}{\sum_{i=1}^{m}(x_{T_i} - \bar{x}_T)^2}}} \tag{4-13}$$

式中，s 为采用直线拟合时计算的误差标准差。

该 t_r 统计量服从自由度为 $m-2$ 的 t 分布。

进行单样本 t 检验。

$$H_0: b = 0$$
$$H_1: b \neq 0$$

在显著性水平 $\alpha = 0.05$ 上，根据该统计量 t_r 与自由度 $m-2$ 计算 p 值，并将该 p 值与 α 比较。若 $p < \alpha$，则表明偏倚是显著的。

4.1.2 示例

例 4.1 某汽车制造商要分析某计数型测量系统的偏倚和重复性。已知下规范限 LL 为 -0.020，上规范限 UL 为 0.020。该汽车制造商使用量具对 10 个零件进行了 20 次检验，这 10 个零件的基准值为 $-0.050 \sim -0.005$，以 0.005 为间隔。对每个零件，判断其 20 次测量中的总接受数。测量结果见表 4-1。（数据来源：Minitab 数据集"汽车测量.MTW"）

表 4-1　基于 GPC 的计数型测量系统分析实例测量数据

零件编号	基准值（X_T）	接受数（a）
1	−0.050	0
2	−0.045	1
3	−0.040	2
4	−0.035	5
5	−0.030	8
6	−0.025	12
7	−0.020	17
8	−0.015	20
9	−0.010	20
10	−0.005	20

（1）符合性判断　由表 4-1 可见，接受数 $a=0$ 的只有 1 个零件，为零件 1，符合规则要求。接受数 $a=20$ 的零件有 3 个，分别是 8、9、10 号零件，根据规则，选择 8 号零件，9、10 号零件不参与偏倚和重复性的计算。接受数 $1 \leqslant a \leqslant 19$ 的零件有 6 个，符合规则要求。

（2）计算 $\varPhi^{-1}(P_a')$　首先计算每个零件的接受概率，然后根据每个零件的接受概率，计算相应的 $\varPhi^{-1}(P_a')$。结果见表 4-2。

表 4-2　各零件的接受概率及 $\varPhi^{-1}$（P_a'）

零件编号	基准值（X_T）	接受数（a）	接受概率（P_a'）	$\varPhi^{-1}(P_a')$
1	−0.050	0	0.025	−1.9599640
2	−0.045	1	0.075	−1.4395315
3	−0.040	2	0.125	−1.1503494
4	−0.035	5	0.275	−0.5977601
5	−0.030	8	0.425	−0.1891184
6	−0.025	12	0.575	0.1891184
7	−0.020	17	0.825	0.9345893
8	−0.015	20	0.975	1.9599640

（3）绘制 GPC　根据表 4-2 中的零件的基准值和相应的 $\varPhi^{-1}(P_a')$，在正态概率坐标上绘制 GPC，如图 4-4 所示。

（4）求回归方程　根据表 4-2 中零件的基准值和相应的 $\varPhi^{-1}(P_a')$，基于一元线性回归，得到回归方程为

$$\varPhi^{-1}(P_a') = 104.136 X_T + 3.10279$$

（5）偏倚和重复性计算

① 偏倚。计算如下：

$$b = \mathrm{LL} - X_T(P_a' = 0.5) = -0.020 + (0.0297955) = 0.0097955$$

② 重复性。计算如下：

$$R_e = \frac{X_T(P_a' = 0.995) - X_T(P_a' = 0.005)}{1.08} = 0.0458060$$

接受次数的属性量具报告(分析)

量具名称: 报表人:
研究日期: 公差:
                                            其他:

偏倚: 0.0097955
预调整的重复性: 0.0494705
重复性: 0.0458060

拟合线:3.10279+104.136×参考值
拟合线的R平方:0.969376

AIAG检验:偏倚=0与≠0
    T 自由度 P值
6.70123   19 0.0000021

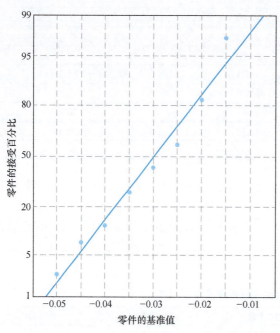

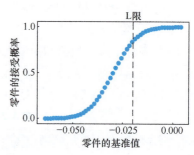

图 4-4　在正态概率坐标上绘制 GPC

（6）偏倚的显著性检验

① AIAG 法。基于 AIAG 法，进行假设检验，结果见表 4-3。

表 4-3　基于 AIAG 法进行假设检验的结果

统计量（t_A）	自由度（DF）	p 值（p-value）
6.70123	19	0.0000021

由表 4-3 可见，$p < 0.05$，因此偏倚显著。

② 回归法。基于回归法，进行假设检验，结果见表 4-4。

表 4-4　基于回归法进行假设检验的结果

统计量（t_r）	自由度（DF）	p 值（p-value）
7.96165	6	0.0002090

由表 4-4 可见，$p < 0.05$，因此，偏倚显著。

4.2　属性一致性分析

若计数型测量系统基于主观判断实现被测量的测量，则该类测量系统分析使用基于属性一致性分析的方法。

4.2.1　属性一致性分析目的

计数型测量系统分析的目的包括：

1）根据顾客要求评价检验是否适当。

2）了解所有班次、机器等的评价人是否用同样的检验标准区分"好"与"不好"。

3）对评价人的能力进行认证，以便使他们都能正确地重复进行检验。

4）了解评价人符合"已知标准"要求的程度，这些要求包括评价人接受实际上有缺点的产品的频率和评价人拒绝实际上可接受产品的频率。

5）发现需要训练、没有作业程序、未制定标准的问题。

4.2.2　属性一致性分析步骤

1）从过程中至少选择适当数量零件（应有稍高/稍低于规格限的）。

2）鉴定合格的评价人。

3）让每个评价人独立地按随机次序检验这些零件，并决定它们是否合格。

4）将数据登录于运算表，以便报告测量系统的效力。

5）记录结果。如有必要，采取适当行动将检验过程修正。

6）重新进行研究，验证修正后的检验过程是否正确。

一致性检验

4.2.3　一致性检验

若数据为名义数据（即定类数据），则可通过一致性检验评价其数据质量。在一致性检验中，Kappa 系数统计量是常用的一种一致性度量。

1）Kappa（k）系数值的定义：排除因巧合造成一致性的比例后，评价人之间的检测结果达到一致性的比例，见式（4-14）。

$$k = \frac{P_{\mathrm{o}} - P_{\mathrm{e}}}{1 - P_{\mathrm{e}}} \tag{4-14}$$

式中，P_{o} 为评价人对零件分类的一致性比例；P_{e} 为因巧合造成一致性的比例。

2）科恩 Kappa（Cohen's Kappa）系数适用于以下两类情况：

① 一个评价人进行了两次试验，计算评价人内部的 Cohen's Kappa 系数，即计算该评价人的重复性。

② 两个评价人，每个评价人只进行一次试验，计算两个评价人之间的 Cohen's Kappa 系数，即计算两个评价人之间的再现性。

上述两类情况，均可构建二维列联表，见表 4-5。

表 4-5　二维列联表

评价人 A	评价人 B（或基准）				
	1	2	…	g	总计
1	P_{11}	P_{12}	…	P_{1g}	P_{1+}
2	P_{21}	P_{22}	…	P_{2g}	P_{2+}

（续）

评价人 A	评价人 B（或基准）				
	1	2	...	g	总计
$\vdots$	$\vdots$	$\vdots$	$\vdots$	$\vdots$	$\vdots$
g	P_{g1}	P_{g2}	...	P_{gg}	P_{g+}
总计	P_{+1}	P_{+2}	...	P_{+g}	1

表 4-5 中的各符号见式（4-15）~ 式（4-17）。

$$P_{ij} = \frac{n_{ij}}{n} \tag{4-15}$$

$$P_{i+} = \sum_{j=1}^{g} P_{ij} \tag{4-16}$$

$$P_{+j} = \sum_{i=1}^{g} P_{ij} \tag{4-17}$$

式中，n_{ij} 代表第 i 行、第 j 列的样本数；n 代表样本总数。

若被评价对象的属性或基准已知，则可计算单个评价人与已知基准间的 Cohen's Kappa 系数。类似于偏倚。相应的二维列联表中，将其中一个评价人修改为基准。

Cohen's Kappa 系数中，原始一致性的估计见式（4-18）。

$$P_{\mathrm{o}} = \sum_{i=1}^{g} P_{ii} \tag{4-18}$$

随机一致性的估计见式（4-19）。

$$P_{\mathrm{e}} = \sum_{i=1}^{g} P_{i+} P_{+i} \tag{4-19}$$

将式（4-18）和式（4-19）代入 Kappa 计算公式后，得式（4-20）和式（4-21）。

$$k_{\mathrm{C}} = \frac{\sum_{i=1}^{g} P_{ii} - \sum_{i=1}^{g} P_{i+} P_{+i}}{1 - \sum_{i=1}^{g} P_{i+} P_{+i}} \tag{4-20}$$

$$\sigma_{k_{\mathrm{C}}}^2 = \frac{P_{\mathrm{e}} + P_{\mathrm{e}}^2 - \sum_{i=1}^{g} P_{i+} P_{+i} (P_{i+} + P_{+i})}{n(1 - P_{\mathrm{e}})^2} \tag{4-21}$$

设计统计量 z_{C}，见式（4-22）。

$$z_{\mathrm{C}} = \frac{k_{\mathrm{C}}}{\sigma_{k_{\mathrm{C}}}} \tag{4-22}$$

服从标准正态分布，使用统计量 z_{C} 进行假设检验。

原假设 H_0：$k_{\mathrm{C}} = 0$。

备则假设 H_1：$k_{\mathrm{C}} > 0$。

3）弗雷斯 Kappa（Fleiss's Kappa）可视为一般化的科恩 Kappa。

设有 m 个评价人，n 个零件，g 个分类等级，第 i 个零件被评价为第 j 个类别的数量为 x_{ij}，则有式（4-23）。

$$x_i = \sum_{j=1}^{g} x_{ij} = m \tag{4-23}$$

第 j 个类别的分类概率见式（4-24）。

$$P_j = \frac{1}{nm} \sum_{i=1}^{n} x_{ij} \tag{4-24}$$

第 i 个零件的分类一致性的概率（"一致对"占所有可能组合的对的比例）见式（4-25）。

$$P_i = \frac{\sum_{j=1}^{g} x_{ij}(x_{ij} - 1)}{m(m-1)} \tag{4-25}$$

从而可得原始一致性和随机一致性的概率，分别见式（4-26）和式（4-27）。

$$P_o = \frac{\sum_{i=1}^{n} \sum_{j=1}^{g} x_{ij}^2 - nm}{nm(m-1)} \tag{4-26}$$

$$P_e = \sum_{j=1}^{g} P_j^2 \tag{4-27}$$

将式（4-26）和式（4-27）代入 Kappa 计算公式后，得式（4-28）式（4-29）。

$$k_F = 1 - \frac{nm^2 - \sum_{i=1}^{n} \sum_{j=1}^{g} x_{ij}^2}{nm(m-1)(1 - \sum_{j=1}^{g} P_j^2)} \tag{4-28}$$

$$\sigma_{k_F}^2 = \frac{2\left[(1 - \sum_{j=1}^{g} P_j^2)^2 - \sum_{j=1}^{g} P_j(1 - P_j)(1 - 2P_j)\right]}{nm(m-1)(1 - \sum_{j=1}^{g} P_j^2)^2} \tag{4-29}$$

设计统计量 z_F，见式（4-30）。

$$z_F = \frac{k_F}{\sigma_{k_F}} \tag{4-30}$$

服从标准正态分布，使用统计量 z_F 进行假设检验。

原假设 H_0：$k_F = 0$。

备则假设 H_1：$k_F > 0$。

同时，可分别计算每个类别的 Kappa 值及其方差，见式（4-31）和式（4-32）。

$$k_j = 1 - \frac{\sum_{i=1}^{n} x_{ij}(m - x_{ij})}{nm(m-1)P_j(1 - P_j)} \tag{4-31}$$

$$\sigma_{k_j}^2 = \frac{2}{nm(m-1)} \tag{4-32}$$

设计统计量 z_j，见式（4-33）。

$$z_j = \frac{k_j}{\sigma_{k_j}} \tag{4-33}$$

服从标准正态分布，使用统计量 z_j 进行假设检验。

原假设 H_0：$k_j = 0$。

备则假设 H_1：$k_j > 0$。

4）判定准则。量具属性的一致性判断：根据 Kappa 值来判断量具系统的属性一致性是否满足使用要求。

通用原则：若 $K < 0.70$，则该测量系统一致性尚待提高；若 $K > 0.90$，则表示一致性很好。

其他几类常见的判定准则见表4-6～表4-9。

表4-6 Kappa 统计量判定准则表（Flesiss）

Kappa 值	一致性强度
$K < 0.40$	很差
$0.40 \leqslant K \leqslant 0.75$	中趋于好
$K > 0.75$	非常好

表4-7 Kappa 统计量判定准则表（Altman）

Kappa 值	一致性强度
$K \leqslant 0.20$	很差
$0.20 < K \leqslant 0.40$	尚可
$0.40 < K \leqslant 0.60$	适中
$0.60 < K \leqslant 0.80$	好
$K > 0.80$	很好

表4-8 Kappa 统计量判定准则表（Landis 和 Koch）

Kappa 值	一致性强度
$K < 0.00$	很差
$0.00 \leqslant K \leqslant 0.20$	轻微
$0.20 < K \leqslant 0.40$	尚可
$0.40 < K \leqslant 0.60$	适中
$0.60 < K \leqslant 0.80$	充分
$K > 0.80$	几乎完全

表4-9 Kappa 统计量判定准则表

Kappa 值	一致性强度
$-1 \leqslant K \leqslant 0$	差（偶然性引起一致）
$K \geqslant 0.60$	处于边缘（需要重大改进）
$K \geqslant 0.70$	好（需要改进）
$K \geqslant 0.90$	很好
$K = 1$	完美

4.2.4 相关性检验

若数据为定序数据，则既可以通过 Kappa 系数评价数据质量，也可以通过相关性检验评价数据质量。

相关性检验

1. 秩和结

（1）次序统计量 对于样本 $X_1, X_2, \cdots, X_n$，如果按照升序排列，得到

$$X_{(1)} \leqslant X_{(2)} \leqslant \cdots \leqslant X_{(n)}$$

这就是次序统计量。其中 $X_{(i)}$ 为第 i 个次序统计量。

（2）秩和秩统计量 对于样本 $X_1, X_2, \cdots, X_n$，假定它们的值互不相等，按上述升序排

列后，每个观测值 X_i 在这个排列中占据的位置，称为秩，用 R_i 表示。$R_1, R_2, \cdots, R_n$ 称为样本 $X_1, X_2, \cdots, X_n$ 的秩统计量。

（3）结和结统计量　在样本 $X_1, X_2, \cdots, X_n$ 中，相同的样本放在一起称为一个结。结中样本的数量称为该结的长。当结长大于 1 的结出现时，样本的秩通常采用平均秩法。

若样本按升序排列为

$$X_{(1)} = X_{(2)} = \cdots = X_{(\tau_1)} \leqslant X_{(\tau_1)} = \cdots = X_{(\tau_1 + \tau_2)} \leqslant \cdots \leqslant X_{(\tau_1 + \tau_2 + \cdots + \tau_{g-1} + 1)} = \cdots = X_{(\tau_1 + \tau_2 + \cdots + \tau_g)}$$

式中，$\sum_{i=1}^{g} \tau_i = n$，称 $(\tau_1, \tau_2, \cdots, \tau_g)$ 为结统计量。

2. Kendall 相关系数

若需要进行 2 个评价人评价结果之间相关性分析，可使用 Kendall 相关系数进行评价。

将 2 个评价人的评价结果作为一对随机变量 (X, Y)，每个评价人对 m 个零件各进行 1 次评价，得到数对序列 $(X_1, Y_1), (X_2, Y_2), \cdots, (X_m, Y_m)$。

为评价评价人评价结果间的相关性，对随机变量对 (X, Y) 相关性进行如下假设检验。

原假设 H_0：X 和 Y 不相关。

备则假设 H_1：

双边，X 和 Y 相关。

单边，X 和 Y 正相关或 X 和 Y 负相关。

（1）一般情况　将样本 Y 按从小到大的顺序排列，同时将样本 X 的顺序依据样本 Y 的顺序对应排列。对于排序后的样本 X，定义 Kendall 统计量见式（4-34）。

$$K_e = \frac{2}{m(m-1)} \sum_{i=1}^{m} \sum_{j=1}^{m} \mathrm{sgn}(x_j - x_i) \tag{4-34}$$

式中，sgn 为符号函数，见式（4-35）。

$$\mathrm{sgn}(x_j - x_i) = \begin{cases} 1, & x_j > x_i \\ 0, & x_j = x_i \\ -1, & x_j < x_i \end{cases} \tag{4-35}$$

式中，$i < j$。

K_e 取值范围为 $[-1, 1]$。当样本 Y 按从小到大的顺序排列后，X 的顺序与 Y 的顺序完全相同时，X 和 Y 正相关性最强，K_e 为 1。

需说明的是：除使用 X 的值计算 K_e 外，同样可以用 X 的秩参与 K_e 的计算。

（2）存在结的情况　若 X 和 Y 中存在结，则相应的 Kendall 统计量见式（4-36）。

$$K_e^* = \frac{2}{\sqrt{m(m-1) - T_x} \sqrt{m(m-1) - T_y}} \sum_{i=1}^{m} \sum_{j=1}^{m} \mathrm{sgn}(x_j - x_i) \tag{4-36}$$

式中，T_x，T_y 分别见式（4-37）和式（4-38）。

$$T_x = \sum t_x (t_x - 1) \tag{4-37}$$

$$T_y = \sum t_y (t_y - 1) \tag{4-38}$$

式中，t_x，t_y 分别为变量 X 和 Y 中每一个结的结长。

（3）大样本情况　在大样本的情况下，统计量 $K_e (K_e^*)$ 服从近似正态分布 $N(\mu_{K_e}, \sigma_{K_e})$，因此 X 和 Y 相关性检验统计量 Z 服从标准正态分布 $N(0, 1)$，见式（4-39）。

$$Z = \frac{K - \mu_{K_e}}{\sigma_{K_e}} \tag{4-39}$$

式中，μ_{K_e}，σ_{K_e} 分别见式（4-40）和式（4-41）。

$$\mu_{K_e} = \frac{2}{m(m-1)} \tag{4-40}$$

$$\sigma_{K_e} = \sqrt{\frac{2(2m+5)}{9m(m-1)}} \tag{4-41}$$

3. Kendall 协和系数

若需要进行 $n \geq 2$ 个评价人评价结果之间相关性分析，可使用 Kendall 协和系数进行评价。

将 n 个评价人的评价结果作为一组随机变量 $(X_1, X_2, \cdots, X_n)$，每个评价人对 m 个零件各进行 1 次评价，得到数对序列 $(X_{11}, X_{12}, \cdots, X_{1n})$，$(X_{21}, X_{22}, \cdots, X_{2n})$，$\cdots$，$(X_{m1}, X_{m2}, \cdots, X_{mn})$。

为评价评价人评价结果间的相关性，对随机变量组 $(X_1, X_2, \cdots, X_n)$ 相关性进行如下假设检验。

原假设 H_0：随机变量组 $(X_1, X_2, \cdots, X_n)$ 不相关。

备则假设 H_1：随机变量组 $(X_1, X_2, \cdots, X_n)$ 正相关。

（1）一般情况　定义协和 Kendall 系数见式（4-42）。

$$K_W = \frac{T}{T_{\max}} = \frac{\sum_{j=1}^{m}\left(R_{+j} - \frac{n(m+1)}{2}\right)^2}{\sum_{j=1}^{m}\left(nj - \frac{n(m+1)}{2}\right)^2} = \frac{\sum_{j=1}^{m}\left(R_{+j} - \frac{nm(m+1)}{2}\right)^2}{\frac{n^2 m(m^2-1)}{12}} \tag{4-42}$$

式中，R_{+j} 为第 j 个零件的 n 个评价结果分别在对应评价人的 m 个评价结果中秩的和；T 则表示 R_{+j} 的残差平方和；$T_{\max}$ 表示 T 的最大值，即所有评价人的评价结果均一致时的 T 值。

K_W 取值范围为 $[0, 1]$。当所有评价人的评价结果均一致时，随机变量组 $(X_1, X_2, \cdots, X_n)$ 正相关性最强，K_W 为 1。

（2）存在结的情况　若 X_i 中存在结，则相应的协和 Kendall 系数见式（4-43）。

$$K_W^* = \frac{12 \sum_{j=1}^{m} R_{+j}^{*2} - 3n^2 m(m+1)^2}{n^2 m(m^2-1) - n \sum_{i=1}^{n} T_i} \tag{4-43}$$

式中，$R_{+j}^* = \sum_{i=1}^{n} R_{ij}$，样本 X_i 结中的 R_{ij} 以平均秩表示，T_i 见式（4-44）。

$$T_i = \sum_{h=1}^{g_i} (t_h^3 - t_h) \tag{4-44}$$

式中，g_i 为第 i 个变量 m 个样本中结的个数，t_h 为第 h 个结的结长。

（3）大样本情况　在大样本的情况下，即当 m 较大时，对于固定的 m，当 n 趋于无穷大时，统计量 χ^2 服从卡方分布 $\chi^2(m-1)$，见式（4-45）。

$$\chi^2 = n(m-1)K_W \tag{4-45}$$

或者，统计量 F 服从 F 分布 $F(\gamma_1, \gamma_2)$。$\gamma_1 = n - 1 - 2/m$，$\gamma_2 = (m-1)\gamma_1$，见式（4-46）。

$$F = \frac{(m-1)K_W}{1 - K_W} \tag{4-46}$$

若样本中有结，则将式（4-46）中的 K_W 替换为 K_W^*。

4.2.5　示例

例 4.2　某壁纸制造商为调查顾客对本公司产品色彩的评价是否一致，有意挑选了 10 个比较容易混淆的蓝色和绿色的样品，请两位顾客鉴定其色彩，结果见表 4-10，试用 Kappa 统计量做再现性分析。

表 4-10　原始评价结果

样品	1	2	3	4	5	6	7	8	9	10
顾客 A	蓝	蓝	绿	绿	绿	蓝	蓝	绿	蓝	绿
顾客 B	蓝	蓝	绿	绿	蓝	蓝	绿	绿	绿	绿

解：根据题意可知：

在检测的 10 件产品中：A，B 一致认为是蓝色的有 3 个；A，B 一致认为是绿色的有 4 个；A 认为是蓝色，B 认为是绿色的有 2 个；A 认为是绿色，B 认为是蓝色的有 1 个。

10 件产品中，有 7 件判断一致，似乎一致率应该是 0.7，但含有瞎猜部分。

A 共选了 5 个蓝，选蓝的概率是 0.5；B 共选了 4 个蓝，选蓝的概率是 0.4；如果两人在 10 件中随机选，则凑巧选中蓝的概率是 $0.5 \times 0.4 = 0.2$。总计 10 件产品，期望值为 $10 \times 0.2 = 2$（见表 4-11 括号中）。

同理，两人随机同时选中绿的件数是 3，所以瞎猜判断凑巧相同为 5 件。

表 4-11　两位顾客各类颜色评价结果汇总

顾客 B	顾客 A		
	蓝	绿	总和
蓝	3（2）	1	4
绿	2	4（3）	6
总和	5	5	10

因此，可得 K 的值为

$$K = \frac{P_o - P_e}{1 - P_e} = \frac{0.7 - 0.5}{1 - 0.5} = 0.4 < 0.7$$

可见，该测量系统再现性差，需要改进。

使用 Minitab 进行属性一致性分析见表 4-12。

表 4-12　用 Minitab 进行属性一致性分析

步骤	操作
1	打开 Minitab 数据表，输入测量结果 在 C1-T 列中依次输入检验员 在 C2-T 列中依次输入对应的样本 在 C3-T 列中依次输入对应的属性
2	在"统计"菜单中选择：质量工具→属性一致性分析，如图 4-5 所示，弹出"属性一致性分析"对话框

（续）

步骤	操　作
3	在"属性一致性分析"对话框中 在"属性列"栏中输入：C3；在"样本"栏中输入：C2；在"检验员"栏中输入：C1；如图4-6所示
4	最后单击"确定"，弹出属性一致性分析结果，如图4-7所示
5	根据接收准则判定测量系统的偏倚是否可以接受

由分析结果可见：Kappa 值为 0.39 < 0.7，因此，该测量系统的再现性不能接受。同时，由 P 值 = 0.1064 > 0.05，同样可知，该测量系统的再现性不能接受。

图4-5　属性一致性分析菜单

例4.3　一家教育公司正在为十二年级标准化论文式考试的写作部分培训 5 名新检验员。现在需要评估检验员对论文评级时遵守标准的能力。每个检验员以五点尺度（-2，-1，0，1，2）对15篇论文进行了评级，结果见表4-13。（数据来源：Minitab 数据集"散文.MTW"）

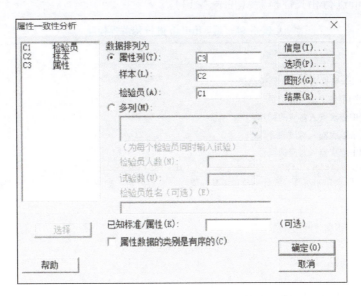

图4-6　属性一致性对话框设置

检验员之间评估一致性

#检验数	#相符数	百分比	95 % 置信区间
10	7	70.00	(34.75, 93.33)

相符数: 所有检验员的评估一致。

Fleiss Kappa 统计量

响应	Kappa	Kappa 标准误	Z	P(与 > 0)
蓝	0.393939	0.316228	1.24575	0.1064
绿	0.393939	0.316228	1.24575	0.1064

注 每个检验员内的单一试验。未标绘检验员内评估一致性百分比。

图4-7　属性一致性分析结果

表4-13　原始评价结果

序号	评定员	样本	评级	属性
1	Simpson	1	2	2
2	Montgomery	1	2	2
3	Holmes	1	2	2
4	Duncan	1	1	2
5	Hayes	1	2	2
⋮	⋮	⋮	⋮	⋮
71	Simpson	15	1	1
72	Montgomery	15	1	1
73	Holmes	15	1	1
74	Duncan	15	1	1
75	Hayes	15	1	1

使用 Minitab 进行相关性检验（见表 4-14）。

表 4-14 用 Minitab 进行相关性检验

步骤	操　作
1	打开 Minitab 数据表，输入测量结果 在 C1-T 列中依次输入评定员 在 C2 列中依次输入对应的样本 在 C3 列中依次输入对应的评级 在 C4 列中依次输入对应的属性
2	在"统计"菜单中选择：统计→质量工具→属性一致性分析，如图 4-8 所示，弹出"属性一致性分析"对话框
3	在"属性一致性分析"对话框中 在属性列中，输入'属性' 在样本中，输入'样本' 在检验员中，输入'评定员' 在已知标准/属性中，输入'属性' 勾选属性数据的类别是有序的，并单击"确定"，如图 4-9 所示
4	最后单击"确定"，弹出相关性检验结果，如图 4-10 所示
5	根据接收准则判定相关性是否可以接受

图 4-8　相关性检验菜单

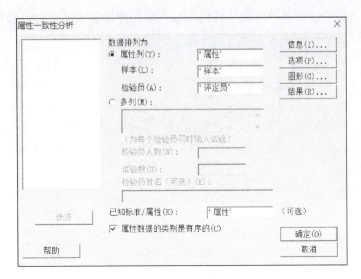

图 4-9　相关性检验对话框

Kendall 的相关系数

检验员	系数	系数标准误	Z	P
Duncan	0.87506	0.192450	4.49744	0.0000
Hayes	0.94871	0.192450	4.88016	0.0000
Holmes	1.00000	0.192450	5.14667	0.0000
Montgomery	1.00000	0.192450	5.14667	0.0000
Simpson	0.96629	0.192450	4.97151	0.0000

a) 每个检验员与标准

Kendall 的一致性系数

系数	卡方	自由度	P
0.966317	67.6422	14	0.0000

b) 检验员之间

Kendall 的相关系数

系数	系数标准误	Z	P
0.958012	0.0860663	11.1090	0.0000

c) 所有检验员与标准

图 4-10　相关性检验结果

Minitab 显示三个评估一致性表："每个检验员与标准""检验员之间"和"所有检验员与标准"。以上每个表中都包括 Kendall 统计量。总体而言，这些统计量表明一致性良好。检验员之间的总 Kendall 系数为 0.966317 （$p = 0.0000$）。所有检验员与标准的 Kendall 系数为 0.958012 （$p = 0.0000$）。

但是，仔细分析"每个检验员与标准"就会发现 Duncan 与 Hayes 评估与标准匹配得较差。但是，Holmes 和 Montgomery 匹配了所有 15 项评估，匹配率为 100%。注意，每个匹配的百分比都与某个置信区间相关联。

图 4-11 是"每个检验员与标准"评估一致性表的图形化表达,可以轻松地比较 5 名检验员的评估一致性。

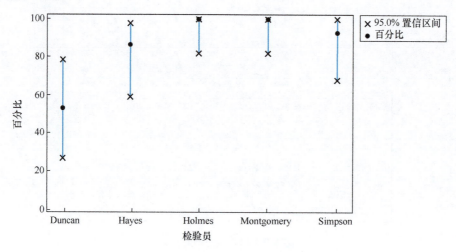

图 4-11　每个检验员与标准

根据这些数据,可以推断 Duncan、Hayes 和 Simpson 需要进行更多的培训。

注意:未显示"检验员各自"表,因为每个检验员都只进行了一次试验。

拓展阅读

"高度一致"

一致性分析中,要求检验员自身、检验员之间、检验员与标准之间,在类别上要保持一致,即值要保持一致。值的一致性决定了定类数据的质量。可见,保持自身、与他人、与标准的"高度一致",对于完成高质量的目标非常重要。

我国目前正处于全面建成社会主义现代化强国的关键时期,全国人民要与党中央保持高度一致,把思想认识统一到党中央的决策部署上来,把智慧力量凝聚到实现我国现代化强国建设的各项目标任务上来。思想上同心同德、目标上同心同向、行动上同心同行。统一思想,达成共识,坚定信心,凝聚力量,调动一切积极因素,团结一致,奋发有为,共同推进我国社会主义现代化强国建设的进程。

"高度一秩"

相关性分析中,要求同一检验员多次检验结果间、不同检验员检验结果间、检验员检验结果与标准间,在顺序上要保持一致,即秩要保持一致。秩的相似性决定了定序数据质量。因此,确保检验员的"高度一秩",对确保检验结果的质量非常重要。

和平是人类社会永恒的主题,也是世界各国人民的共同愿望。世界只有一个秩序,就是以国际法为基础的国际秩序。世界保持同步,维护同一秩序,对促进世界和平及和谐发展具有重要的意义。

思考与练习

4-1　现有一计数型测量系统，其中的计数型量具用于测量公差为 ±0.19 的零件尺寸。为分析该测量系统的重复性和偏倚，选择 9 个零件，每个零件使用该测量系统重复测量 20 次，每个零件的接收次数见表 4-15。试计算偏倚和重复性。

表 4-15　每个零件的接收次数

基准值	接收次数 a	接收概率 P_a
−0.27	0	0.025
−0.26	1	0.075
−0.25	3	0.175
−0.24	5	0.275
−0.23	8	0.425
−0.22	16	0.775
−0.21	18	0.875
−0.20	20	0.975

4-2　试应用 Minitab 对 4-1 中例子进行解析法分析。

4-3　试述一致性检验和相关性检验的区别。

4-4　某企业选择 2 名检验员对产品的质量等级进行评价，质量等级分为 A，B，C 三档，A 档等级最高，C 档等级最低。为分析检验员评估能力的一致性，现选择了 10 个零件使 2 位检验员进行独立评价，见表 4-16，试计算用于评估 2 位检验员之间一致性的 Kappa 值。

表 4-16　2 位检验员对 10 个零件的独立评价

零件	1	2	3	4	5	6	7	8	9	10
检验员 1	A	B	C	B	C	A	B	C	A	A
检验员 2	A	C	B	B	C	B	B	C	B	A

4-5　针对 4-4，试应用 Minitab 进行一致性分析。

4-6　针对 4-4，试计算 2 位检验员之间的 Kendall 系数。

4-7　针对 4-4，试应用 Minitab 进行相关性分析。

4-8　试述量具性能曲线与属性一致性分析方法的区别。

第5章

复杂测量系统分析

【学习目标】

掌握：破坏性测量系统分析方法；多因子测量系统分析方法；Minitab 操作。

熟悉：前提假设；同质性假设。

了解：嵌套方差分析；多因子方差分析。

复杂测量系统包括破坏性测量系统、动态测量系统以及多因子测量系统。破坏性测量系统由于测量时会破坏被测零件，导致其无法被重复测量，因此该类测量系统无法直接使用前述计量和计数型测量系统分析的方法。动态测量系统由于被测零件质量特性随时间发生变化，同样导致该类测量系统对被测对象无法重复测量。破坏性测量系统和动态测量系统具有相似性，即都无法对被测零件进行重复测量，因此，其分析方法也相似，本章只介绍破坏性测量系统分析。相较于前述只包含评价人和零件两因子的简单测量系统，多因子测量系统包含的因子数大于 2 个，因此其分析方法也不相同。

5.1　破坏性测量系统分析

破坏性测量系统及动态测量系统分析基本思想是通过被测零件或测量程序的等价替换，将不可重复测量转换为可重复测量，进而应用常规 GR&R 分析方法对该类测量系统进行分析。为实现等价替换，需满足两个前提条件（常量偏倚和测量误差齐性），并解决两个基本问题（测量稳健性和时间稳定性问题）。

破坏性测量
系统分析

对于不同的测量系统，为实现等价替换，将不可重复测量转换为可重复测量，所设计的试验方案并不同，相应的分析方法也不同。若等价替换后，每个评价人对同一同质样本（内含多个等价零件）进行重复测量（每个评价人对同质样本内的每个等价零件均只能进行一次测量），评价人和同质样本属于交叉关系，则使用交叉方差分析法。若等价替换后，每个评价人均只对所属的同质样本进行重复测量（每个评价人对同质样本内的每个等价零件均只能进行一次测量），即每个评价人评价的同质样本间相互独立，则使用嵌套方差分析法。两类方差分析法应用场景如图 5-1 所示。

本节首先介绍嵌套方差分析法；然后介绍前提假设及同质性假设；接着介绍各类同质性

假设下的交叉方差分析法，其 Minitab 操作详见第 3 章示例；最后展示了一个应用嵌套方差分析法的示例，演示了 Minitab 实现嵌套方差分析的详细过程。

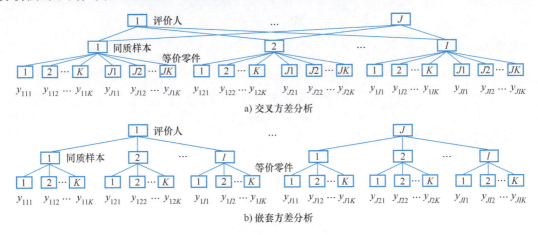

a) 交叉方差分析

b) 嵌套方差分析

图 5-1　交叉和嵌套方差分析法适用场景

5.1.1　嵌套方差分析 *

单因子固定效应模型分析通过如下假设检验实现。

原假设 H_0：$\sigma_A^2 = 0$。

备择假设 H_1：$\sigma_A^2 \neq 0$。

原假设 H_0：$\sigma_{B(A)}^2 = 0$。

备择假设 H_1：$\sigma_{B(A)}^2 \neq 0$。

数据总变异性由式（5-1）表示。

$$\mathrm{SS_T} = \sum_{i=1}^{a} \sum_{j=1}^{b} \sum_{k=1}^{n} (y_{ijk} - \bar{y}_{...}) \tag{5-1}$$

总平方和可进一步分解为式（5-2）。

$$\mathrm{SS_T} = bn \sum_{i=1}^{a} (\bar{y}_{i..} - \bar{y}_{...})^2 + n \sum_{i=1}^{a} \sum_{j=1}^{b} (\bar{y}_{ij.} - \bar{y}_{i..})^2 +$$
$$\sum_{i=1}^{a} \sum_{j=1}^{b} \sum_{k=1}^{n} (y_{ijk} - \bar{y}_{ij.})^2 \tag{5-2}$$

即见式（5-3）。

$$\mathrm{SS_T} = \mathrm{SS}_A + \mathrm{SS}_{B(A)} + \mathrm{SS_E} \tag{5-3}$$

式中，SS_A，$\mathrm{SS}_{B(A)}$ 分别为因子 A，$B(A)$ 的处理平方和，而 $\mathrm{SS_E}$ 为误差平方和。

相应地，各个自由度见式（5-4）~ 式（5-7）。

$$f_T = N = abn - 1 \tag{5-4}$$
$$f_A = a - 1 \tag{5-5}$$
$$f_{B(A)} = a(b - 1) \tag{5-6}$$
$$f_E = ab(n - 1) \tag{5-7}$$

均方分别见式（5-8）~ 式（5-10）。

$$\mathrm{MS}_A = \frac{\mathrm{SS}_A}{f_A} \tag{5-8}$$

$$\mathrm{MS}_{B(A)} = \frac{\mathrm{SS}_{B(A)}}{f_{B(A)}} \tag{5-9}$$

$$\mathrm{MS}_\mathrm{E} = \frac{\mathrm{SS}_\mathrm{E}}{f_\mathrm{E}} \tag{5-10}$$

均方的期望值见式（5-11）~式（5-13）。

$$E(\mathrm{MS}_\mathrm{E}) = \sigma^2 \tag{5-11}$$

$$E(\mathrm{MS}_{B(A)}) = \sigma^2 + n\sigma^2_{B(A)} \tag{5-12}$$

$$E(\mathrm{MS}_A) = \sigma^2 + n\sigma^2_{B(A)} + bn\sigma^2_A \tag{5-13}$$

所以可得式（5-14）~式（5-16）。

$$\hat{\sigma}^2 = \mathrm{MS}_\mathrm{E} \tag{5-14}$$

$$\hat{\sigma}^2_{B(A)} = \frac{\mathrm{MS}_{B(A)} - \mathrm{MS}_\mathrm{E}}{n} \tag{5-15}$$

$$\hat{\sigma}^2_A = \frac{\mathrm{MS}_A - \mathrm{MS}_{B(A)}}{bn} \tag{5-16}$$

计量 F 见式（5-17）和式（5-18）。

$$F_A = \frac{\mathrm{MS}_A}{\mathrm{MS}_{B(A)}} \tag{5-17}$$

$$F_{B(A)} = \frac{\mathrm{MS}_{B(A)}}{\mathrm{MS}_\mathrm{E}} \tag{5-18}$$

F_A 服从自由度为 $a-1$ 与 $a(b-1)$ 的 F 分布。

若 F_A 满足式（5-19）：

$$F_A > f_\alpha[a-1, a(b-1)] \tag{5-19}$$

则拒绝原假设 H_0。

$F_{B(A)}$ 服从自由度为 $a(b-1)$ 与 $ab(n-1)$ 的 F 分布。

若 $F_{B(A)}$ 满足式（5-20）：

$$F_{B(A)} > f_\alpha[a(b-1), ab(n-1)] \tag{5-20}$$

则拒绝原假设 H_0。

5.1.2　前提假设

所有被测零件的集合称为总体，记为 U。在 t 时刻第 i 个零件表示为 $u_{i,t}$，其测量值表示为 $x(u_{i,t})$。

破坏性测量系统分析需满足如下两个前提假设。

假设 1　**常量偏倚，** 即偏倚在量具工作量程范围内和时间上保持恒定。

假设 2　**测量误差齐性，** 对所有被测零件 $u_{i,t} \in U$，都有相同的测量误差分布。

5.1.3　同质性假设

破坏性测量系统分析需解决的两个基本问题是如何满足如下的两个同质性假设。

假设 3　**测量稳健性，** 零件被测量前后的 $T(u_{i,t})$ 是相等的，即零件被测量时不受测量的影响。

假设 4　**时间稳定性，** 零件在适当时间间隔内的任意两个时刻 t_1，t_2，$T(u_{i,t1}) = T(u_{i,t2})$，即对象的测量与时间无关。

在满足同质性假设 3 和假设 4 的前提下，可实施标准的量具 GR&R 研究。

I 个零件，J 个评价人，每个评价人对每个零件测量 K 次。第 i 个零件被第 j 个评价人进行第 k 次测量，测量结果为 y_{ijk}，具有如下模型，如式（5-21）。

$$y_{ijk} = \mu + \tau_i + \beta_j + (\tau\beta)_{ij} + \varepsilon_{ijk} \tag{5-21}$$

式中，$\tau_i \sim N(0, \sigma_P^2)$ 为零件的随机效应；$\beta_j \sim N(0, \sigma_O^2)$ 为评价人的随机效应；$(\tau\beta)_{ij} \sim N(0, \sigma_{PO}^2)$ 为评价人和零件的交互效应；$\varepsilon_{ijk} \sim N(0, \sigma_e^2)$ 为误差项。

采用 ANOVA 进行分析，获得测量误差见式（5-22）。

$$\hat{\sigma}_m = \sqrt{\hat{\sigma}_O^2 + \hat{\sigma}_{PO}^2 + \hat{\sigma}_e^2} \tag{5-22}$$

σ_P^2，σ_O^2，σ_{PO}^2，σ_e^2 的计算见表 5-1。

表 5-1　同质性假设分析方差分析表

来源	自由度	平方和	期望均方
零件	$I-1$	$JK \sum_i (\bar{y}_{i..} - \bar{y}_{...})^2$	$\sigma_e^2 + K\sigma_{PO}^2 + JK\sigma_P^2$
评价人	$J-1$	$IK \sum_j (\bar{y}_{.j.} - \bar{y}_{...})^2$	$\sigma_e^2 + K\sigma_{PO}^2 + IK\sigma_O^2$
零件×评价人	$(I-1)\times(J-1)$	$K \sum_i (\bar{y}_{ij.} - \bar{y}_{i..} - \bar{y}_{.j.} + \bar{y}_{...})^2$	$\sigma_e^2 + K\sigma_{PO}^2$
误差	$IJ(K-1)$	$\sum_{i,j,k} (y_{ijk} - \bar{y}_{ij.})^2$	σ_e^2

5.1.4　近似测量稳健性假设

若零件具有时间稳定性而不具备测量稳健性时，即满足假设 4，但不满足假设 3，则可通过如下假设使零件具有近似测量稳健性。

1. 同质性和代表性

假设 5　**零件同质性，** 存在一个子集，$H \subset U$，对 H 中的所有 u_i 和 u_j，都有 $T(u_i) = T(u_j)$ 成立，即子集中所有的零件真值均相等，子集中所有零件可视作相同的。

假设 6　**备则零件代表性，** 备则零件的测量误差分布可用以表征被替代零件的测量误差分布。即备则零件与被测零件具有非常好的同质性，可用于代表被测零件。

I 个样本（样本间是异质的），每个样本包含 JK 个零件（样本内零件间是同质的），J 个评价人，每个评价人对每个样本测量 K 次。第 i 个样本被第 j 个评价人进行第 k 次测量，测量结果为 y_{ijk}，具有如下模型，见式（5-23）。

$$y_{ijk} = \mu + \tau_i + \beta_j + (\tau\beta)_{ij} + \varepsilon_{ijk} \tag{5-23}$$

采用上述 ANOVA 进行分析，获得测量误差，见式（5-24）。

$$\hat{\sigma}_m = \sqrt{\hat{\sigma}_O^2 + \hat{\sigma}_{PO}^2 + \hat{\sigma}_e^2} \tag{5-24}$$

2. 模型化零件变差

若测量稳健性不满足假设 5 和假设 6，但样本内零件变差符合某种变化规律，即满足如下假设 7。

假设7 **模型化零件变差，**对于 U 中子集 H 中的所有零件 u_i，都有 $T(u_i) = f(i)$ 成立，f 是具有有限个参数的函数。即零件间变差服从某种模式。

I 个样本（样本间是异质的），每个样本包含 JK 个零件（样本内零件间是同质的），J 个评价人，每个评价人对每个样本测量 K 次。第 i 个样本被第 j 个评价人进行第 k 次测量，测量结果为 y_{ijk}，具有如下模型：

$$y_{ijk} - \gamma_{jk} = \mu + \tau_i + \beta_j + (\tau\beta)_{ij} + \varepsilon_{ijk}$$

式中，γ_{jk} 为样本中第 j 个评价人的第 k 次测量，零件被测量真值与总体均值的差异。

若不考虑交互作用，则模型修改为式（5-25）。

$$y_{ijk} = \mu + \tau_i + \beta_j + \gamma_{jk} + \varepsilon_{ijk} \tag{5-25}$$

测量系统变差见式（5-26）。

$$\hat{\sigma}_m = \sqrt{\hat{\sigma}_O^2 + \hat{\sigma}_K^2 + \hat{\sigma}_e^2} \tag{5-26}$$

σ_P^2，σ_O^2，σ_K^2，σ_e^2 的计算见表5-2（$I = J = K = p$）。

表5-2　模型化零件变差方差分析表

来源	自由度	平方和	期望均方
零件	$p-1$	$I\sum_i (\bar{y}_{i..} - \bar{y}_{...})^2$	$\sigma_e^2 + p\sigma_P^2$
评价人	$p-1$	$J\sum_j (\bar{y}_{.j.} - \bar{y}_{...})^2$	$\sigma_e^2 + p\sigma_O^2$
位置	$p-1$	$K\sum_j (\bar{y}_{..k} - \bar{y}_{...})^2$	$\sigma_e^2 + \frac{p}{p-1}\sum_k \gamma_k^2$
误差	$(p-2)(p-1)$	$\sum_{i,j,k} (y_{ijk} - \bar{y}_{i..} - \bar{y}_{.j.} - \bar{y}_{..k} + 2\bar{y}_{...})^2$	σ_e^2

3. 测量程序

若测量稳健性不满足假设5和假设6，也不满足假设7，但满足如下假设8。

假设8 **存在备择的测量程序使假设3成立。**

则选择 K 个零件作为样本，并采用备择的测量程序对这个样本进行标准的 GR&R 研究，估计出 $\hat{\sigma}_P^2$。

再用破坏性测量程序对所有零件测量一次，测量值的方差为 $\hat{\sigma}_t^2$。

估计测量系统方差 $\hat{\sigma}_m^2 = \hat{\sigma}_t^2 - \hat{\sigma}_P^2$。

如不满足假设8，但满足如下假设9。

假设9 **存在一种测量程序 X，对所有的 $u_i \in U$，都有 $X(u_i) = T(u_i)$，即测得值可作为零件真值。**

则将 K 个零件组成的样本随机分为两个子样本。

其中一个子样本采用上述备则程序进行测量，测量值的方差获取零件的方差估计 $\hat{\sigma}_P^2$。

另一个子样本采用所分析的破坏性测量程序进行测量，测量值的方差为 $\hat{\sigma}_t^2$。

估计测量系统方差 $\hat{\sigma}_m^2 = \hat{\sigma}_t^2 - \hat{\sigma}_P^2$。

5.1.5　近似时间稳定性假设

若时间稳定性无法满足，则可通过如下近似时间稳定性假设进行破坏性测量系统分析。

假设 10　**时间变差模式化**，对于 U 中子集 H 中的所有零件 $u_{i,t}$，都有 $T(u_{i,t})=f(i,t)$ 成立，f 是具有有限个参数的函数。即零件随时间的变差服从某种模型。

对单个零件 i 在时刻 $t_1,t_2,\cdots,t_k$ 的 k 次测量，测量误差估计值见式（5-27）。

$$\hat{\sigma}_m^2 = \frac{1}{k-p}\sum_{j=1}^{k}\left(Y(u_{i,t_j})-\hat{f}(i,t)\right)^2 \tag{5-27}$$

也可采用多个零件并估计合并方差。通过估计模型 $T(u_i)=f(t)$，采用模型残差的方差估计测量方差。

假设 11　**已知真值**，对于零件 $\vartheta_{i,t_i}\in A$，$i=1,2,\cdots,k$，$T(\vartheta_{i,t_i})$ 已知，此外，对于 A，假设 6 成立。即存在已知真值的备择零件，且备择零件的误差分布可用以表征被替代零件的测量误差分布。

使用被分析的测量系统，对已知真值的备择零件进行破坏性测量，通过式（5-28）估计测量误差。

$$\hat{\sigma}_m^2 = \frac{1}{k}\sum_{i=1}^{k}\left(Y(\vartheta_{i,t_i})-T(\vartheta_{i,t_i})\right)^2 \tag{5-28}$$

5.1.6　示例

例 5.1　现有一破坏性测量系统，对每个零件只能测量 1 次。为对该测量系统进行分析，以确定实测过程变异有多少是由于测量系统变异导致的，请 3 名操作员中的每一名分别将 5 种不同的部件测量 2 次，总共测量了 30 次。每个部件对于操作员而言都是唯一的，不会有两名操作员测量同一部件。测量结果见表 5-3。试对该破坏性测量系统进行分析，已知过程公差为 10。（数据来源：Minitab 数据集"嵌套量具研究.MTW"）

表 5-3　破坏性测量系统分析示例数据

序号	部件	操作员	响应	序号	部件	操作员	响应
1	1	Steve	15.4257	16	8	Billie	14.3250
2	1	Steve	16.8677	17	9	Billie	15.1448
3	2	Steve	15.5018	18	9	Billie	14.5478
4	2	Steve	15.1628	19	10	Billie	16.3736
5	3	Steve	15.7251	20	10	Billie	17.5779
6	3	Steve	12.8191	21	11	Nathan	14.0156
7	4	Steve	15.1429	22	11	Nathan	16.0597
8	4	Steve	13.8563	23	12	Nathan	14.7948
9	5	Steve	14.1119	24	12	Nathan	14.8448
10	5	Steve	16.5675	25	13	Nathan	14.2155
11	6	Billie	13.1025	26	13	Nathan	13.7057
12	6	Billie	15.5494	27	14	Nathan	16.4566
13	7	Billie	13.8316	28	14	Nathan	16.2174
14	7	Billie	14.2388	29	15	Nathan	15.0697
15	8	Billie	16.8403	30	15	Nathan	16.3231

使用嵌套方差分析法对上述测量系统进行分析。

使用 Minitab 进行破坏性测量系统分析见表 5-4。

表 5-4　用 Minitab 进行破坏性测量系统分析

步骤	操　　作
1	打开 Minitab 数据表，输入测量结果 在 C1 列中依次输入部件 在 C2-T 列中依次输入对应的操作员 在 C3 列中依次输入对应的响应
2	在"统计"菜单中选择：统计→质量工具→量具研究→量具 R&R 研究（嵌套），如图 5-2 所示。弹出"量具 R&R 研究（嵌套）"对话框
3	在"量具 R&R 研究（嵌套）"对话框中，如图 5-3 所示 在部件号或批号中，输入'部件' 在操作员中，输入'操作员' 在测量数据中，输入'响应' 单击"选项"。在过程公差下，选择规格上限 – 规格下限，然后输入 10，如图 5-4 所示 单击"确定"
4	弹出破坏性测量系统分析会话窗口（见图 5-5）及图形窗口（见图 5-6）
5	根据评价准则判定测量系统的 GR&R 是否可以接受

图 5-2　破坏性测量系统分析 Minitab 菜单

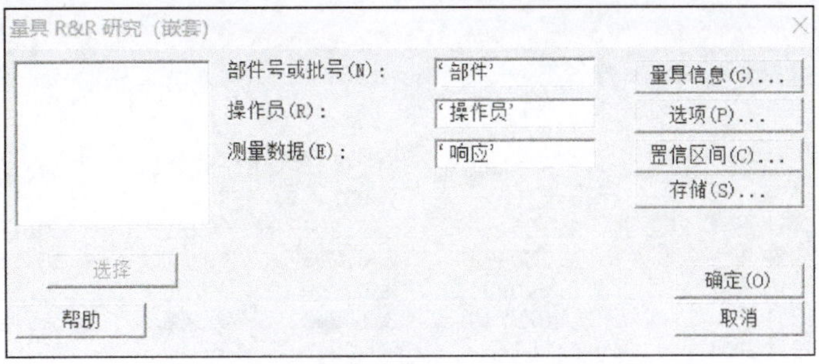

图 5-3 量具 R&R 研究（嵌套）对话框

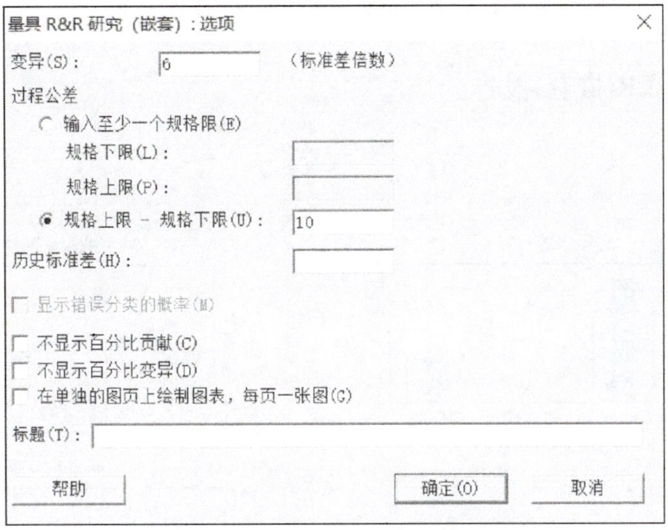

图 5-4 量具 R&R 研究（嵌套）选项

量具 R&R 研究 – 嵌套方差分析

响应 的量具 R&R（嵌套）

来源	自由度	SS	MS	F	P
操作员	2	0.0142	0.00708	0.00385	0.996
部件（操作员）	12	22.0552	1.83794	1.42549	0.255
重复性	15	19.3400	1.28933		
合计	29	41.4094			

量具 R&R

来源	方差分量	方差分量贡献率
合计量具 R&R	1.28933	82.46
重复性	1.28933	82.46
再现性	0.00000	0.00
部件间	0.27430	17.54
合计变异	1.56364	100.00

图 5-5 破坏性测量系统分析会话窗口

过程公差 = 10

来源	标准差(SD)	研究变异 (6 × SD)	%研究变异 异 (%SV)	%公差 (SV/Toler)
合计量具 R&R	1.13549	6.81293	90.81	68.13
重复性	1.13549	6.81293	90.81	68.13
再现性	0.00000	0.00000	0.00	0.00
部件间	0.52374	3.14243	41.88	31.42
合计变异	1.25045	7.50273	100.00	75.03

可区分的类别数 = 1

图 5-5 破坏性测量系统分析会话窗口（续）

响应的量具R&R(嵌套)报告

量具名称：	报表人：
研究日期：	公差：
	其他：

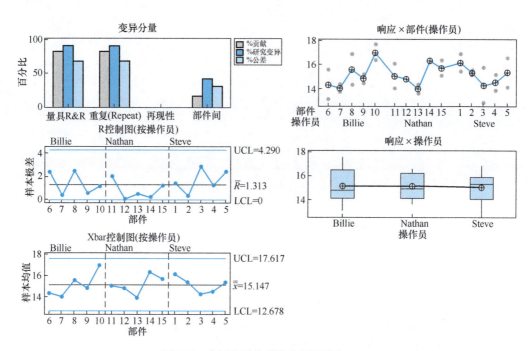

图 5-6 破坏性测量系统分析图形窗口

查看"合计量具 R&R"和"部件间"的"贡献率"列。部件之间差异的百分比贡献（部件间 =17.54）比测量系统变异的百分比贡献（合计量具 R&R =82.46）小很多。"％研究变异"列表明"合计量具 R&R"占研究变异的 90.81％。因此，大多数变异是由于测量系统错误所致；非常少的一部分变异是由于部件之间的差异所致。

"可区分的类别数"为 1 表示测量系统无法区分部件。

查看变异分量图（位于图 5-6 左上角）。大多数变异是由于测量系统错误（量具 R&R）

所致；非常少的一部分变异是由于部件之间的差异所致。

查看 Xbar 控制图（位于图 5-6 左下角）。当变异主要是由于测量系统错误所致时，Xbar 控制图中的大多数点都在控制限制内。

5.2　多因子测量系统分析

多因子测量系统分析

多因子测量系统由于包含的因子数大于两个，如除了评价人和零件外，还可能包含量具、实验室、位置等因素，因此可通过多因子方差分析 ANOVA 方法实现该类测量系统分析。

需注意的是：

1）评价人应以随机顺序测量零件。

2）明确研究的设计平衡与否。

3）明确因子间的关系，是交叉的还是嵌套的。

4）明确因子是固定的还是随机的。

5）应选择表示过程变异的实际或预期范围的样件。

5.2.1　多因子方差分析 *

包含两个以上因子的试验，需使用多因子方差分析。

如三因子固定效应模型为

$$y_{ij} = \mu + \tau_i + \beta_j + \gamma_k + (\tau\beta)_{ij} + (\tau\gamma)_{ik} + (\beta\gamma)_{jk} + (\tau\beta\gamma)_{ijk} + \varepsilon_{ijkl} \qquad (5\text{-}29)$$

对应的方差分析见表 5-5。

表 5-5　多因子方差分析

方差来源	平方和	自由度	均方	期望均方	F
A	SS_A	$a-1$	MS_A	$\sigma^2 + \dfrac{bcn \sum_{i=1}^{a} \tau_i^2}{a-1}$	$\dfrac{MS_A}{MS_E}$
B	SS_B	$b-1$	MS_B	$\sigma^2 + \dfrac{acn \sum_{j=1}^{b} \beta_j^2}{b-1}$	$\dfrac{MS_B}{MS_E}$
C	SS_C	$c-1$	MS_C	$\sigma^2 + \dfrac{abn \sum_{k=1}^{c} \gamma_k^2}{c-1}$	$\dfrac{MS_C}{MS_E}$
AB	SS_{AB}	$(a-1)(b-1)$	MS_{AB}	$\sigma^2 + \dfrac{cn \sum_{i=1}^{a} \sum_{j=1}^{b} (\tau\beta)_{ij}^2}{(a-1)(b-1)}$	$\dfrac{MS_{AB}}{MS_E}$
AC	SS_{AC}	$(a-1)(c-1)$	MS_{AC}	$\sigma^2 + \dfrac{bn \sum_{i=1}^{a} \sum_{k=1}^{c} (\tau\gamma)_{ik}^2}{(a-1)(c-1)}$	$\dfrac{MS_{AC}}{MS_E}$
BC	SS_{BC}	$(b-1)(c-1)$	MS_{BC}	$\sigma^2 + \dfrac{an \sum_{j=1}^{b} \sum_{k=1}^{c} (\beta\gamma)_{jk}^2}{(b-1)(c-1)}$	$\dfrac{MS_{BC}}{MS_E}$
ABC	SS_{ABC}	$(a-1)(b-1)(c-1)$	MS_{ABC}	$\sigma^2 + \dfrac{n \sum_{i=1}^{a} \sum_{j=1}^{b} \sum_{k=1}^{c} (\tau\beta\gamma)_{ijk}^2}{(a-1)(b-1)(c-1)}$	$\dfrac{MS_{ABC}}{MS_E}$
误差	SS_E	$abc(n-1)$	MS_E	σ^2	
总和	SS_T	$abcn-1$			

5.2.2 示例

例5.2 选择10个表示预期过程变异范围的部件。每个部件与2个子分量（固定分子）之一拟合，现需确定这是否会导致部件之间的变异性。3位操作员按随机顺序测量了10个部件，每个部件测量了4次（每个子分量2次）。测量结果见表5-6。需进行R&R研究（扩展）以确定实测过程变异多大程度上是由于测量系统变异导致的，多因子测量系统分析示例数据见表5-6。（数据来源：Minitab数据集"量具概要. MTW"）

表5-6　多因子测量系统分析示例数据

序号	部件	操作员	子组件	测量值
1	1	A	A	0.29
2	1	A	A	0.41
3	1	A	B	0.64
4	1	A	B	0.59
5	2	A	A	−0.56
6	2	A	B	−0.48
7	2	A	A	−0.58
8	2	A	B	−0.42
9	3	A	B	1.34
10	3	A	A	1.17
11	3	A	A	1.27
12	3	A	B	1.30
13	4	A	A	0.47
14	4	A	A	0.50
15	4	A	B	0.64
16	4	A	B	0.61
17	5	A	A	−0.80
18	5	A	B	−0.62
19	5	A	A	−0.84
20	5	A	B	−0.67
⋮	⋮	⋮	⋮	⋮
117	10	C	A	−1.49
118	10	C	A	−1.77
119	10	C	B	−1.16
120	10	C	B	−1.11

基于多因子方差分析法对该测量系统进行分析。

使用Minitab进行多因子测量系统分析（见表5-7）。

表 5-7　用 Minitab 进行多因子测量系统分析

步骤	操作
1	打开 Minitab 数据表，输入测量结果 在 C1 列中依次输入部件 在 C2-T 列中依次输入对应的操作员 在 C3-T 列中依次输入对应的子组件 在 C4 列中依次输入对应的测量值
2	在"统计"菜单中选择：统计→质量工具→量具研究→量具 R&R 研究（扩展），如图 5-7 所示，弹出"量具 R&R 研究（扩展）"对话框，如图 5-8a 所示
3	在"量具 R&R 研究（扩展）"对话框中 在部件号中，输入部件 在操作员中，输入操作员 在测量数据中，输入测量值 在附加因子中，输入子组件 在固定因子中，输入子组件，如图 5-8a 所示 单击"项"。弹出"量具 R&R 研究（扩展）：项"对话框，在按顺序在模型中包括项中，键入 2，如图 5-8b 所示 单击"部件间变异"弹出"量具 R&R 研究（扩展）：项：部件之间变异"对话框，在可用项中，单击"子组件"以便将其移动到选定项。单击"确定"两次，如图 5-8c 所示 单击"选项"。弹出"量具 R&R 研究（扩展）：选项"对话框，在过程公差下，勾选规格上限-规格下限并键入 8。单击"确定"，如图 5-8d 所示 单击"图形"。弹出"量具 R&R 研究（扩展）：图形"对话框，在按双因子的平均测量值图中，输入操作员和子组件。不要更改其他图形的默认设置，如图 5-8e 所示 在每个对话框中单击"确定"
4	弹出多因子测量系统分析会话窗口（见图 5-9）及多因子测量系统分析图形窗口（见图 5-10）
5	根据评价准则判定测量系统的 GR&R 是否可以接受

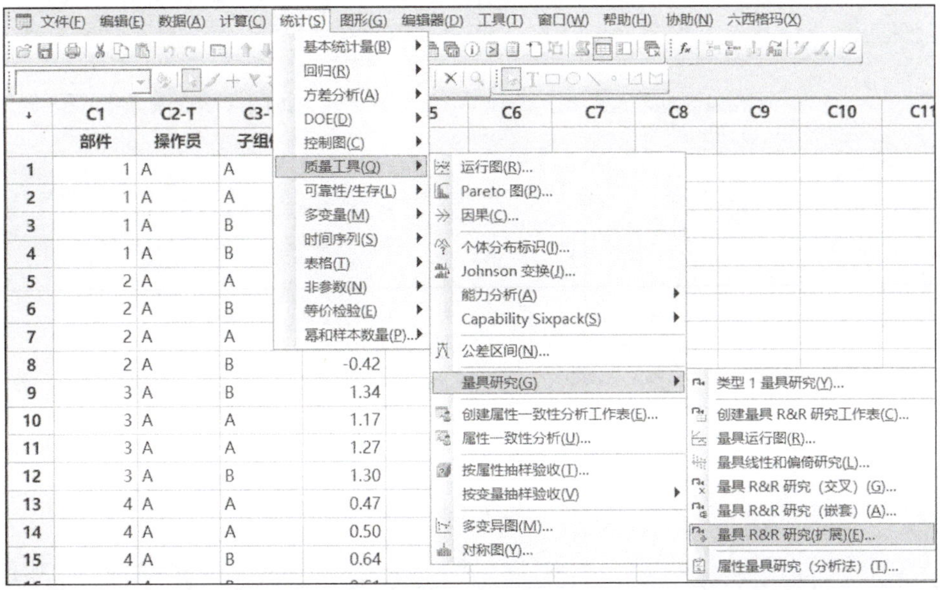

图 5-7　多因子测量系统分析 Minitab 菜单

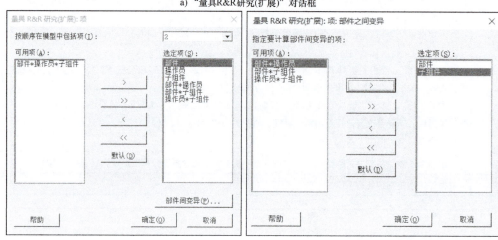

a) "量具R&R研究(扩展)"对话框

b) 对话框中"项"

c) "项"对话框中"部件之间变异"

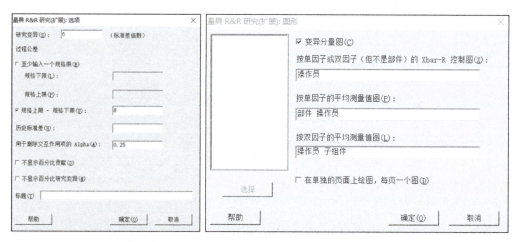

d) 对话框中"选项"

e) 对话框中"图形"

图 5-8　多因子测量系统分析对话框

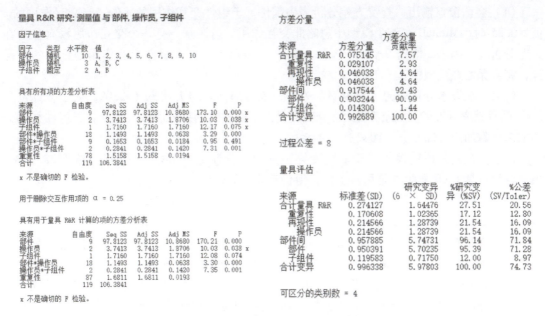

图 5-9 多因子测量系统分析会话窗口

测量值的量具R&R(扩展)报告

量具名称：
研究日期：

报表人：
公差：8
其他：

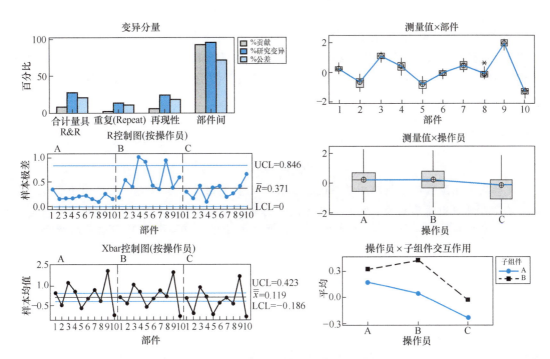

图 5-10 多因子测量系统分析图形窗口

（1）会话窗口输出　查看方差分析表中部件＊子组件交互作用的 p 值。当交互作用的 p 值 >0.25 时，Minitab 在整个模型中忽略此交互作用。请注意，有一个交互作用没有包含在方差分析表，因为 p 值为 0.491。部件＊操作员和操作员＊子组件交互作用是重要的变异源，将会保留在模型中。

注意，在方差分量表的"贡献率"列中，来自部件间的贡献率（92.08）大于合计量具 R&R 的贡献率（7.92）。这表明大部分变异是由于部件间的差异所致。此外，子组件并不会增加多少附加部件间变异，而只有 1.44%。

注意，在量具评估表的"% 研究变异"列中，合计量具 R&R 占研究变异的 28.15%。虽然合计量具 R&R 贡献率是可接受的，但仍有改进的余地。

对于这些数据，可区分的类别数为 4。按照 AIAG 的要求，需要至少 5 个可区分类别才能得到满足要求的测量系统。

（2）图形窗口输出　"变异分量"图（位于图 5-10 左上角）显示部件间的贡献率大于合计量具 R&R 的贡献率，表明大部分变异是由于部件间的差异所致。

"测量值×部件"图（位于图 5-10 右上角）中的非水平线显示部件间存在较大差异。

"R 控制图（按操作员）"（位于图 5-10 左侧中部）显示操作员 B 的部件测量值很不稳定。

"测量值×操作员"图（位于图 5-10 右侧列的中部）显示与部件间的差异相比，操作员之间的差异较小，但仍属显著（p 值 $=0.038$）。操作员 C 的测量值似乎比其他人略低一些。

"Xbar 控制图（按操作员）"（位于图 5-10 左下角）显示 X 和 R 控制图中的大部分点都在控制限制之外，表明变异主要是由于部件间的差异所致。

"操作员×子组件交互作用"图（位于图 5-10 右下角）是操作员乘子组件的 p 值（0.001）的直观表示，表明操作员和子组件之间存在显著的交互关系。与使用子组件 A 测量部件相比，所有操作员（特别是操作员 B）更倾向于使用子组件 B 测量部件。

拓展阅读

"化繁为简"

复杂测量系统区别于简单测量系统，具有不可重复测量、动态变化及多因子影响等特征，不能直接照搬简单测量系统的分析方法。为实现复杂测量系统分析，针对不可重复测量或被测特性随时间动态变化的问题，采用"同质替换"的思想，基于同质性假设的满足，将复杂测量系统分析问题等价替换为简单测量系统分析问题。针对多因子测量系统分析问题，基于多因子方差分析方法剥离出各因子造成的测量变差。基于"化繁为简"的思维，可以解决复杂测量系统分析问题。

正如著名数学家广中平佑先生所言，看似复杂的现象，其实不过是简单事物的投影而已。具备"化繁为简"的思维，抓住本质，复杂问题简单化，是解决复杂问题的重要方式。

思考与练习

5-1　试述破坏性测量系统及动态测量系统分析的基本思想。

5-2　试述破坏性测量系统分析需满足的两个前提假设。

5-3　破坏性测量系统分析需解决的两个基本问题是什么？

5-4　破坏性测量系统分析测量稳健性假设包含哪些？

5-5　试述各测量稳健性假设下测量变差的估算方法。

5-6　破坏性测量系统分析时间稳健性假设包含哪些？

5-7　试述各时间稳健性假设下测量变差的估算方法。

5-8　试述多因子测量系统分析的应用场合。

附　　录

附录A　d_2^* 系数表

d_2^*		产生单个极差的数据个数 m													
		2	3	4	5	6	7	8	9	10	11	12	13	14	15
极差个数 g	1	1.41	1.91	2.24	2.48	2.67	2.83	2.96	3.08	3.18	3.27	3.35	3.42	3.49	3.55
	2	1.28	1.81	2.15	2.4	2.6	2.77	2.91	3.02	3.13	3.22	3.3	3.38	3.45	3.51
	3	1.23	1.77	2.12	2.38	2.58	2.75	2.89	3.01	3.11	3.21	3.29	3.37	3.43	3.5
	4	1.21	1.75	2.11	2.37	2.57	2.74	2.88	3	3.1	3.2	3.28	3.36	3.43	3.49
	5	1.19	1.74	2.1	2.36	2.56	2.73	2.87	2.99	3.1	3.19	3.28	3.35	3.42	3.49
	6	1.18	1.73	2.09	2.35	2.56	2.73	2.87	2.99	3.1	3.19	3.27	3.35	3.42	3.49
	7	1.17	1.73	2.09	2.35	2.55	2.72	2.87	2.99	3.1	3.19	3.27	3.35	3.42	3.48
	8	1.17	1.72	2.08	2.35	2.55	2.72	2.87	2.98	3.09	3.19	3.27	3.35	3.42	3.48
	9	1.16	1.72	2.08	2.34	2.55	2.72	2.86	2.98	3.09	3.18	3.27	3.35	3.42	3.48
	10	1.16	1.72	2.08	2.34	2.55	2.72	2.86	2.98	3.09	3.18	3.27	3.34	3.42	3.48
	11	1.16	1.71	2.08	2.34	2.55	2.72	2.86	2.98	3.09	3.18	3.27	3.34	3.41	3.48
	12	1.15	1.71	2.07	2.34	2.55	2.72	2.85	2.98	3.09	3.18	3.27	3.34	3.41	3.48
	13	1.15	1.71	2.07	2.34	2.55	2.71	2.85	2.98	3.09	3.18	3.27	3.34	3.41	3.48
	14	1.15	1.71	2.07	2.34	2.54	2.71	2.85	2.98	3.08	3.18	3.27	3.34	3.41	3.48
	15	1.15	1.71	2.07	2.34	2.54	2.71	2.85	2.98	3.08	3.18	3.26	3.34	3.41	3.48
>15		1.12	1.69	2.05	2.32	2.53	2.70	2.84	2.90	3.07	3.17	3.25	3.33	3.40	3.47

98

附录B　控制图系数表

样本容量 (n)	控制图控制限计算参数											中位数控制图	中心线系数		
	均值控制图			标准差控制图				极差控制图							
	A	A_2	A_3	B_3	B_4	B_5	B_6	D_1	D_2	D_3	D_4	m_3A_2	C_4	d_2	d_3
2	2.121	1.880	2.659	0	3.267	0	2.606	0	3.686	0	3.267	1.880	0.7979	1.128	0.853
3	1.732	1.023	1.954	0	2.568	0	2.276	0	4.358	0	2.574	1.187	0.8862	1.693	0.888

（续）

样本容量（n）	控制图控制限计算参数												中位数控制图	中心线系数		
	均值控制图			标准差控制图				极差控制图								
	A	A_2	A_3	B_3	B_4	B_5	B_6	D_1	D_2	D_3	D_4	m_3A_2	C_4	d_2	d_3
4	1.500	0.729	1.628	0	2.266	0	2.088	0	4.698	0	2.282	0.796	0.9213	2.059	0.880
5	1.342	0.577	1.427	0	2.089	0	1.964	0	4.918	0	2.114	0.691	0.9400	2.326	0.864
6	1.225	0.483	1.287	0.030	1.970	0.029	1.874	0	5.078	0	2.004	0.549	0.9515	2.534	0.848
7	1.134	0.419	1.182	0.118	1.882	0.113	1.806	0.204	5.204	0.076	1.924	0.509	0.9594	2.704	0.833
8	1.061	0.373	1.099	0.185	1.815	0.179	1.751	0.388	5.306	0.136	1.864	0.432	0.9650	2.847	0.820
9	1.000	0.337	1.032	0.239	1.761	0.232	1.707	0.547	5.393	0.184	1.816	0.412	0.9693	2.970	0.808
10	0.949	0.308	0.975	0.284	1.716	0.276	1.669	0.687	5.469	0.223	1.777	0.363	0.9727	3.078	0.797
11	0.905	0.285	0.927	0.321	1.679	0.313	1.637	0.811	5.535	0.256	1.744		0.9754	3.173	0.787
12	0.866	0.266	0.886	0.354	1.646	0.346	1.610	0.922	5.594	0.283	1.717		0.9776	3.258	0.778
13	0.832	0.249	0.850	0.382	1.618	0.374	1.585	1.025	5.647	0.307	1.693		0.9794	3.336	0.770
14	0.802	0.235	0.817	0.406	1.594	0.399	1.563	1.118	5.696	0.328	1.672		0.9810	3.407	0.763
15	0.775	0.223	0.789	0.428	1.572	0.421	1.544	1.203	5.741	0.347	1.653		0.9823	3.472	0.756
16	0.750	0.212	0.763	0.448	1.552	0.440	1.526	1.282	5.782	0.363	1.637		0.9835	3.532	0.750
17	0.728	0.203	0.739	0.466	1.534	0.458	1.511	1.356	5.820	0.378	1.622		0.9845	3.588	0.744
18	0.707	0.194	0.718	0.482	1.518	0.475	1.496	1.424	5.856	0.391	1.608		0.9854	3.640	0.739
19	0.688	0.187	0.698	0.497	1.503	0.490	1.483	1.487	5.891	0.403	1.597		0.9862	3.689	0.734
20	0.671	0.180	0.680	0.510	1.490	0.504	1.470	1.549	5.921	0.415	1.585		0.9869	3.735	0.729
21	0.655	0.173	0.663	0.523	1.477	0.516	1.459	1.605	5.951	0.425	1.575		0.9876	3.778	0.724
22	0.640	0.167	0.647	0.534	1.466	0.528	1.448	1.659	5.979	0.434	1.566		0.9882	3.819	0.720
23	0.626	0.162	0.633	0.545	1.455	0.539	1.438	1.710	6.006	0.443	1.557		0.9887	3.858	0.716
24	0.612	0.157	0.619	0.555	1.445	0.549	1.429	1.759	6.031	0.451	1.548		0.9892	3.895	0.712
25	0.600	0.153	0.606	0.565	1.435	0.559	1.420	1.806	6.056	0.459	1.541		0.9896	3.931	0.708

附录C t 分布表

（满足等式 $p(t \geq t_\alpha(k)) = \alpha$ 的 $t_\alpha(k)$ 数值表）

k	α											
	0.45	0.40	0.35	0.30	0.25	0.20	0.15	0.10	0.05	0.025	0.01	0.005
1	0.158	0.325	0.510	0.727	1.000	1.376	1.963	3.08	6.31	12.71	31.8	63.7
2	0.142	0.289	0.445	0.617	0.816	1.061	1.386	1.886	2.92	4.30	6.96	9.92
3	0.137	0.277	0.424	0.584	0.765	0.978	1.250	1.638	2.35	3.18	4.54	5.84

（续）

k	α											
	0.45	0.40	0.35	0.30	0.25	0.20	0.15	0.10	0.05	0.025	0.01	0.005
4	0.134	0.271	0.414	0.569	0.741	0.941	1.190	1.533	2.13	2.78	3.75	4.60
5	0.132	0.267	0.408	0.559	0.727	0.920	1.156	1.476	2.02	2.57	3.36	4.03
6	0.131	0.265	0.404	0.553	0.718	0.906	1.134	1.440	1.943	2.45	3.14	3.71
7	0.130	0.263	0.402	0.549	0.711	0.896	1.119	1.415	1.895	2.36	3.00	3.50
8	0.130	0.262	0.399	0.546	0.706	0.889	1.108	1.397	1.860	2.31	2.90	3.36
9	0.129	0.261	0.398	0.543	0.703	0.883	1.100	1.383	1.833	2.26	2.82	3.25
10	0.129	0.260	0.397	0.542	0.700	0.879	1.093	1.372	1.812	2.23	2.76	3.17
11	0.129	0.260	0.396	0.540	0.697	0.876	1.088	1.363	1.796	2.20	2.72	3.11
12	0.128	0.259	0.395	0.539	0.695	0.873	1.083	1.356	1.782	2.18	2.68	3.06
13	0.128	0.259	0.394	0.538	0.694	0.870	1.079	1.350	1.771	2.16	2.65	3.01
14	0.128	0.258	0.393	0.537	0.692	0.868	1.076	1.345	1.761	2.14	2.62	2.98
15	0.128	0.258	0.393	0.536	0.691	0.866	1.074	1.341	1.753	2.13	2.60	2.95
16	0.128	0.258	0.392	0.535	0.690	0.865	1.071	1.337	1.746	2.12	2.58	2.92
17	0.128	0.257	0.392	0.534	0.689	0.863	1.069	1.333	1.740	2.11	2.57	2.90
18	0.127	0.257	0.392	0.534	0.688	0.862	1.067	1.330	1.734	2.10	2.55	2.88
19	0.127	0.257	0.391	0.533	0.688	0.861	1.066	1.328	1.729	2.09	2.54	2.86
20	0.127	0.257	0.391	0.533	0.687	0.860	1.064	1.325	1.725	2.09	2.53	2.85
21	0.127	0.257	0.391	0.532	0.686	0.859	1.063	1.323	1.721	2.08	2.52	2.83
22	0.127	0.256	0.390	0.532	0.686	0.858	1.061	1.321	1.717	2.07	2.51	2.82
23	0.127	0.256	0.390	0.532	0.685	0.858	1.060	1.319	1.714	2.07	2.50	2.81
24	0.127	0.256	0.390	0.531	0.685	0.857	1.059	1.318	1.711	2.06	2.49	2.80
25	0.127	0.256	0.390	0.531	0.684	0.856	1.058	1.316	1.708	2.06	2.48	2.79
26	0.127	0.256	0.390	0.531	0.684	0.856	1.058	1.315	1.706	2.06	2.48	2.78
27	0.127	0.256	0.389	0.531	0.684	0.855	1.057	1.314	1.703	2.05	2.47	2.77
28	0.127	0.256	0.389	0.530	0.683	0.855	1.056	1.313	1.701	2.05	2.47	2.76
29	0.127	0.256	0.389	0.530	0.683	0.854	1.055	1.311	1.699	2.04	2.46	2.76
30	0.127	0.256	0.389	0.530	0.683	0.854	1.055	1.310	1.697	2.04	2.46	2.75
40	0.126	0.255	0.388	0.529	0.681	0.851	1.050	1.303	1.684	2.02	2.42	2.70
60	0.126	0.254	0.387	0.527	0.679	0.848	1.046	1.296	1.671	2.00	2.39	2.66
120	0.126	0.254	0.386	0.526	0.677	0.845	1.041	1.289	1.658	1.980	2.36	2.62
∞	0.126	0.253	0.385	0.524	0.674	0.842	1.036	1.282	1.645	1.960	2.33	2.58

附录 D　F 分布表

（满足等式 $p(F \geqslant F_\alpha(k_1, k_2)) = \alpha$ 的 $F_\alpha(k_1, k_2)$ 数值表）

$$\alpha = 0.05$$

n_2	n_1																		
	1	2	3	4	5	6	7	8	9	10	12	15	20	24	30	40	60	120	∞
1	161.40	199.50	215.70	224.60	230.20	234.00	236.80	238.90	240.50	241.90	243.90	245.90	248.00	249.10	250.10	251.10	252.20	253.30	254.30
2	18.51	19.00	19.16	19.25	19.30	19.33	19.35	19.37	19.38	19.40	19.41	19.43	19.45	19.45	19.46	19.47	19.48	19.49	19.50
3	10.13	9.55	9.28	9.12	9.01	8.94	8.89	8.85	8.81	8.79	8.74	8.70	8.66	8.64	8.62	8.59	8.57	8.55	8.53
4	7.71	6.94	6.59	6.39	6.26	6.16	6.09	6.04	6.00	5.96	5.91	5.86	5.80	5.77	5.75	5.72	5.69	5.66	5.63
5	6.61	5.79	5.41	5.19	5.05	4.95	4.88	4.82	4.77	4.74	4.68	4.62	4.56	4.53	4.50	4.46	4.43	4.40	4.36
6	5.99	5.14	4.76	4.53	4.39	4.28	4.21	4.15	4.10	4.06	4.00	3.94	3.87	3.84	3.81	3.77	3.74	3.70	3.67
7	5.59	4.74	4.35	4.12	3.97	3.87	3.79	3.73	3.68	3.64	3.57	3.51	3.44	3.41	3.38	3.34	3.30	3.27	3.23
8	5.32	4.46	4.07	3.84	3.69	3.58	3.50	3.44	3.39	3.35	3.28	3.22	3.15	3.12	3.08	3.04	3.01	2.97	2.93
9	5.12	4.26	3.86	3.63	3.48	3.37	3.29	3.23	3.18	3.14	3.07	3.01	2.94	2.90	2.86	2.83	2.79	2.75	2.71
10	4.96	4.10	3.71	3.48	3.33	3.22	3.14	3.07	3.02	2.98	2.91	2.85	2.77	2.74	2.70	2.66	2.62	2.58	2.54
11	4.84	3.98	3.59	3.36	3.20	3.09	3.01	2.95	2.90	2.85	2.79	2.72	2.65	2.61	2.57	2.53	2.49	2.45	2.40
12	4.75	3.89	3.49	3.26	3.11	3.00	2.91	2.85	2.80	2.75	2.69	2.62	2.54	2.51	2.47	2.43	2.38	2.34	2.30
13	4.67	3.81	3.41	3.18	3.03	2.92	2.83	2.77	2.71	2.67	2.60	2.53	2.46	2.42	2.38	2.34	2.30	2.25	2.21
14	4.60	3.74	3.34	3.11	2.96	2.85	2.76	2.70	2.65	2.60	2.53	2.46	2.39	2.35	2.31	2.27	2.22	2.18	2.13
15	4.54	3.68	3.29	3.06	2.90	2.79	2.71	2.64	2.59	2.54	2.48	2.40	2.33	2.29	2.25	2.20	2.16	2.11	2.07
16	4.49	3.63	3.24	3.01	2.85	2.74	2.66	2.59	2.54	2.49	2.42	2.35	2.28	2.24	2.19	2.15	2.11	2.06	2.01
17	4.45	3.59	3.20	2.96	2.81	2.70	2.61	2.55	2.49	2.45	2.38	2.31	2.23	2.19	2.15	2.10	2.06	2.01	1.96
18	4.41	3.55	3.16	2.93	2.77	2.66	2.58	2.51	2.46	2.41	2.34	2.27	2.19	2.15	2.11	2.06	2.02	1.97	1.92
19	4.38	3.52	3.13	2.90	2.74	2.63	2.54	2.48	2.42	2.38	2.31	2.23	2.16	2.11	2.07	2.03	1.98	1.93	1.88
20	4.35	3.49	3.10	2.87	2.71	2.60	2.51	2.45	2.39	2.35	2.28	2.20	2.12	2.08	2.04	1.99	1.95	1.90	1.84
21	4.32	3.47	3.07	2.84	2.68	2.57	2.49	2.42	2.37	2.32	2.25	2.18	2.10	2.05	2.01	1.96	1.92	1.87	1.81
22	4.30	3.44	3.05	2.82	2.66	2.55	2.46	2.40	2.34	2.30	2.23	2.15	2.07	2.03	1.98	1.94	1.89	1.84	1.78
23	4.28	3.42	3.03	2.80	2.64	2.53	2.44	2.37	2.32	2.27	2.20	2.13	2.05	2.01	1.96	1.91	1.86	1.81	1.76
24	4.26	3.40	3.01	2.78	2.62	2.51	2.42	2.36	2.30	2.25	2.18	2.11	2.03	1.98	1.94	1.89	1.84	1.79	1.73
25	4.24	3.39	2.99	2.76	2.60	2.49	2.40	2.34	2.28	2.24	2.16	2.09	2.01	1.96	1.92	1.87	1.82	1.77	1.71
26	4.23	3.37	2.98	2.74	2.59	2.47	2.39	2.32	2.27	2.22	2.15	2.07	1.99	1.95	1.90	1.85	1.80	1.75	1.69
27	4.21	3.35	2.96	2.73	2.57	2.46	2.37	2.31	2.25	2.20	2.13	2.06	1.97	1.93	1.88	1.84	1.79	1.73	1.67
28	4.20	3.34	2.95	2.71	2.56	2.45	2.36	2.29	2.24	2.19	2.12	2.04	1.96	1.91	1.87	1.82	1.77	1.71	1.65
29	4.18	3.33	2.93	2.70	2.55	2.43	2.35	2.28	2.22	2.18	2.10	2.03	1.94	1.90	1.85	1.81	1.75	1.70	1.64
30	4.17	3.32	2.92	2.69	2.53	2.42	2.33	2.27	2.21	2.16	2.09	2.01	1.93	1.89	1.84	1.79	1.74	1.68	1.62
40	4.08	3.23	2.84	2.61	2.45	2.34	2.25	2.18	2.12	2.08	2.00	1.92	1.84	1.79	1.74	1.69	1.64	1.58	1.51
60	4.00	3.15	2.76	2.53	2.37	2.25	2.17	2.10	2.04	1.99	1.92	1.84	1.75	1.70	1.65	1.59	1.53	1.47	1.39
120	3.92	3.07	2.68	2.45	2.29	2.17	2.09	2.02	1.96	1.91	1.83	1.75	1.66	1.61	1.55	1.50	1.43	1.35	1.25
∞	3.84	3.00	2.60	2.37	2.21	2.10	2.01	1.94	1.88	1.83	1.75	1.67	1.57	1.52	1.46	1.39	1.32	1.22	1.00

（续）

$\alpha = 0.025$

n_2	n_1																		
	1	2	3	4	5	6	7	8	9	10	12	15	20	24	30	40	60	120	∞
1	647.8	799.5	864.2	899.6	921.8	937.1	948.2	956.7	963.3	968.6	976.7	984.9	993.1	997.2	1 001	1 006	1 010	1 014	1 018
2	38.51	39.00	39.17	39.25	39.30	39.33	39.36	39.37	39.39	39.40	39.41	39.43	39.45	39.46	39.46	39.47	39.48	39.49	39.50
3	17.44	16.04	15.44	15.10	14.88	14.73	14.62	14.54	14.47	14.42	14.34	14.25	14.17	14.12	14.08	14.04	13.99	13.95	13.90
4	12.22	10.65	9.98	9.60	9.36	9.20	9.07	8.98	8.90	8.84	8.75	8.66	8.56	8.51	8.46	8.41	8.36	8.31	8.26
5	10.01	8.43	7.76	7.39	7.15	6.98	6.85	6.76	6.68	6.62	6.52	6.43	6.33	6.28	6.23	6.18	6.12	6.07	6.02
6	8.81	7.26	6.60	6.23	5.99	5.82	5.70	5.60	5.52	5.46	5.37	5.27	5.17	5.12	5.07	5.01	4.96	4.90	4.85
7	8.07	6.54	5.89	5.52	5.29	5.12	4.99	4.90	4.82	4.76	4.67	4.57	4.47	4.42	4.36	4.31	4.25	4.20	4.14
8	7.57	6.06	5.42	5.05	4.82	4.65	4.53	4.43	4.36	4.30	4.20	4.10	4.00	3.95	3.89	3.84	3.78	3.73	3.67
9	7.21	5.71	5.08	4.72	4.48	4.32	4.20	4.10	4.03	3.96	3.87	3.77	3.67	3.61	3.56	3.51	3.45	3.39	3.33
10	6.94	5.46	4.83	4.47	4.24	4.07	3.95	3.85	3.78	3.72	3.62	3.52	3.42	3.37	3.31	3.26	3.20	3.14	3.08
11	6.72	5.26	4.63	4.28	4.04	3.88	3.76	3.66	3.59	3.53	3.43	3.33	3.23	3.17	3.12	3.06	3.00	2.94	2.88
12	6.55	5.10	4.47	4.12	3.89	3.73	3.61	3.51	3.44	3.37	3.28	3.18	3.07	3.02	2.96	2.91	2.85	2.79	2.72
13	6.41	4.97	4.35	4.00	3.77	3.60	3.48	3.39	3.31	3.25	3.15	3.05	2.95	2.89	2.84	2.78	2.72	2.66	2.60
14	6.30	4.86	4.24	3.89	3.66	3.50	3.38	3.29	3.21	3.15	3.05	2.95	2.84	2.79	2.73	2.67	2.61	2.55	2.49
15	6.20	4.77	4.15	3.80	3.58	3.41	3.29	3.20	3.12	3.06	2.96	2.86	2.76	2.70	2.64	2.59	2.52	2.46	2.40
16	6.12	4.69	4.08	3.73	3.50	3.34	3.22	3.12	3.05	2.99	2.89	2.79	2.68	2.63	2.57	2.51	2.45	2.38	2.32
17	6.04	4.62	4.01	3.66	3.44	3.28	3.16	3.06	2.98	2.92	2.82	2.72	2.62	2.56	2.50	2.44	2.38	2.32	2.25
18	5.98	4.56	3.95	3.61	3.38	3.22	3.10	3.01	2.93	2.87	2.77	2.67	2.56	2.50	2.44	2.38	2.32	2.26	2.19
19	5.92	4.51	3.90	3.56	3.33	3.17	3.05	2.96	2.88	2.82	2.72	2.62	2.51	2.45	2.39	2.33	2.27	2.20	2.13
20	5.87	4.46	3.86	3.51	3.29	3.13	3.01	2.91	2.84	2.77	2.68	2.57	2.46	2.41	2.35	2.29	2.22	2.16	2.09
21	5.83	4.42	3.82	3.48	3.25	3.09	2.97	2.87	2.80	2.73	2.64	2.53	2.42	2.37	2.31	2.25	2.18	2.11	2.04
22	5.79	4.38	3.78	3.44	3.22	3.05	2.93	2.84	2.76	2.70	2.60	2.50	2.39	2.33	2.27	2.21	2.14	2.08	2.00
23	5.75	4.35	3.75	3.41	3.18	3.02	2.90	2.81	2.73	2.67	2.57	2.47	2.36	2.30	2.24	2.18	2.11	2.04	1.97
24	5.72	4.32	3.72	3.38	3.15	2.99	2.87	2.78	2.70	2.64	2.54	2.44	2.33	2.27	2.21	2.15	2.08	2.01	1.94
25	5.69	4.29	3.69	3.35	3.13	2.97	2.85	2.75	2.68	2.61	2.51	2.41	2.30	2.24	2.18	2.12	2.05	1.98	1.91
26	5.66	4.27	3.67	3.33	3.10	2.94	2.82	2.73	2.65	2.59	2.49	2.39	2.28	2.22	2.16	2.09	2.03	1.95	1.88
27	5.63	4.24	3.65	3.31	3.08	2.92	2.80	2.71	2.63	2.57	2.47	2.36	2.25	2.19	2.13	2.07	2.00	1.93	1.85
28	5.61	4.22	3.63	3.29	3.06	2.90	2.78	2.69	2.61	2.55	2.45	2.34	2.23	2.17	2.11	2.05	1.98	1.91	1.83
29	5.59	4.20	3.61	3.27	3.04	2.88	2.76	2.67	2.59	2.53	2.43	2.32	2.21	2.15	2.09	2.03	1.96	1.89	1.81
30	5.57	4.18	3.59	3.25	3.03	2.87	2.75	2.65	2.57	2.51	2.41	2.31	2.20	2.14	2.07	2.01	1.94	1.87	1.79
40	5.42	4.05	3.46	3.13	2.90	2.74	2.62	2.53	2.45	2.39	2.29	2.18	2.07	2.01	1.94	1.88	1.80	1.72	1.64
60	5.29	3.93	3.34	3.01	2.79	2.63	2.51	2.41	2.33	2.27	2.17	2.06	1.94	1.88	1.82	1.74	1.67	1.58	1.48
120	5.15	3.80	3.23	2.89	2.67	2.52	2.39	2.30	2.22	2.16	2.05	1.94	1.82	1.76	1.69	1.61	1.53	1.43	1.31
∞	5.02	3.69	3.12	2.79	2.57	2.41	2.29	2.19	2.11	2.05	1.94	1.83	1.71	1.64	1.57	1.48	1.39	1.27	1.00

（续）

$\alpha = 0.01$

n_2	n_1																		
	1	2	3	4	5	6	7	8	9	10	12	15	20	24	30	40	60	120	∞
1	4052	4999.5	5403	5625	5764	5859	5928	5982	6022	6056	6106	6157	6209	6235	6261	6287	6313	6339	6366
2	98.50	99.00	99.17	99.25	99.30	99.33	99.36	99.37	99.39	99.40	99.42	99.43	99.45	99.46	99.47	99.47	99.48	99.49	99.50
3	34.12	30.82	29.46	28.71	28.24	27.91	27.67	27.49	27.35	27.23	27.05	26.87	26.69	26.60	26.50	26.41	26.32	26.22	26.13
4	21.20	18.00	16.69	15.98	15.52	15.21	14.98	14.80	14.66	14.55	14.37	14.20	14.02	13.93	13.84	13.75	13.65	13.56	13.46
5	16.26	13.27	12.06	11.39	10.97	10.67	10.46	10.29	10.16	10.05	9.89	9.72	9.55	9.47	9.38	9.29	9.20	9.11	9.02
6	13.75	10.92	9.78	9.15	8.75	8.47	8.26	8.10	7.98	7.87	7.72	7.56	7.40	7.31	7.23	7.14	7.06	6.97	6.88
7	12.25	9.55	8.45	7.85	7.46	7.19	6.99	6.84	6.72	6.62	6.47	6.31	6.16	6.07	5.99	5.91	5.82	5.74	5.65
8	11.26	8.65	7.59	7.01	6.63	6.37	6.18	6.03	5.91	5.81	5.67	5.52	5.36	5.28	5.20	5.12	5.03	4.95	4.86
9	10.56	8.02	6.99	6.42	6.06	5.80	5.61	5.47	5.35	5.26	5.11	4.96	4.81	4.73	4.65	4.57	4.48	4.40	4.31
10	10.04	7.56	6.55	5.99	5.64	5.39	5.20	5.06	4.94	4.85	4.71	4.56	4.41	4.33	4.25	4.17	4.08	4.00	3.91
11	9.65	7.21	6.22	5.67	5.32	5.07	4.89	4.74	4.63	4.54	4.40	4.25	4.10	4.02	3.94	3.86	3.78	3.69	3.60
12	9.33	6.93	5.95	5.41	5.06	4.82	4.64	4.50	4.39	4.30	4.16	4.00	3.86	3.78	3.70	3.62	3.54	3.45	3.36
13	9.07	6.70	5.74	5.21	4.86	4.62	4.44	4.30	4.19	4.10	3.96	3.82	3.66	3.59	3.51	3.43	3.34	3.25	3.17
14	8.86	6.51	5.56	5.04	4.69	4.46	4.28	4.14	4.03	3.94	3.80	3.66	3.51	3.43	3.35	3.27	3.18	3.09	3.00
15	8.68	6.36	5.42	4.89	4.56	4.32	4.14	4.00	3.89	3.80	3.67	3.52	3.37	3.29	3.21	3.13	3.05	2.96	2.87
16	8.53	6.23	5.29	4.77	4.44	4.20	4.03	3.89	3.78	3.69	3.55	3.41	3.26	3.18	3.10	3.02	2.93	2.84	2.75
17	8.40	6.11	5.18	4.67	4.34	4.10	3.93	3.79	3.68	3.59	3.46	3.31	3.16	3.08	3.00	2.92	2.83	2.75	2.65
18	8.29	6.01	5.09	4.58	4.25	4.01	3.84	3.71	3.60	3.51	3.37	3.23	3.08	3.00	2.92	2.84	2.75	2.66	2.57
19	8.18	5.93	5.01	4.50	4.17	3.94	3.77	3.63	3.52	3.43	3.30	3.15	3.00	2.92	2.84	2.76	2.67	2.58	2.49
20	8.10	5.85	4.94	4.43	4.10	3.87	3.70	3.56	3.46	3.37	3.23	3.09	2.94	2.86	2.78	2.69	2.61	2.52	2.42
21	8.02	5.78	4.87	4.37	4.04	3.81	3.64	3.51	3.40	3.31	3.17	3.03	2.88	2.80	2.72	2.64	2.55	2.46	2.36
22	7.95	5.72	4.82	4.31	3.99	3.76	3.59	3.45	3.35	3.26	3.12	2.98	2.83	2.75	2.67	2.58	2.50	2.40	2.31
23	7.88	5.66	4.76	4.26	3.94	3.71	3.54	3.41	3.30	3.21	3.07	2.93	2.78	2.70	2.62	2.54	2.45	2.35	2.26
24	7.82	5.61	4.72	4.22	3.90	3.67	3.50	3.36	3.26	3.17	3.03	2.89	2.74	2.66	2.58	2.49	2.40	2.31	2.21
25	7.77	5.57	4.68	4.18	3.85	3.63	3.46	3.32	3.22	3.13	2.99	2.85	2.70	2.62	2.54	2.45	2.36	2.27	2.17
26	7.72	5.53	4.64	4.14	3.82	3.59	3.42	3.29	3.18	3.09	2.96	2.81	2.66	2.58	2.50	2.42	2.33	2.23	2.13
27	7.68	5.49	4.60	4.11	3.78	3.56	3.39	3.26	3.15	3.06	2.93	2.78	2.63	2.55	2.47	2.38	2.29	2.20	2.10
28	7.64	5.45	4.57	4.07	3.75	3.53	3.36	3.23	3.12	3.03	2.90	2.75	2.60	2.52	2.44	2.35	2.26	2.17	2.06
29	7.60	5.42	4.54	4.04	3.73	3.50	3.33	3.20	3.09	3.00	2.87	2.73	2.57	2.49	2.41	2.33	2.23	2.14	2.03
30	7.56	5.39	4.51	4.02	3.70	3.47	3.30	3.17	3.07	2.98	2.84	2.70	2.55	2.47	2.39	2.30	2.21	2.11	2.01
40	7.31	5.18	4.31	3.83	3.51	3.29	3.12	2.99	2.89	2.80	2.66	2.52	2.37	2.29	2.20	2.11	2.02	1.92	1.80
60	7.08	4.98	4.13	3.65	3.34	3.12	2.95	2.82	2.72	2.63	2.50	2.35	2.20	2.12	2.03	1.94	1.84	1.73	1.60
120	6.85	4.79	3.95	3.48	3.17	2.96	2.79	2.66	2.56	2.47	2.34	2.19	2.03	1.95	1.86	1.76	1.66	1.53	1.38
∞	6.63	4.61	3.78	3.32	3.02	2.80	2.64	2.51	2.41	2.32	2.18	2.04	1.88	1.79	1.70	1.59	1.47	1.32	1.00

（续）

$\alpha = 0.005$

n_2	1	2	3	4	5	6	7	8	9	10	12	15	20	24	30	40	60	120	∞
1	16211	20000	21615	22500	23056	23437	23715	23925	24091	24224	24426	24630	24836	24940	25044	25148	25253	25359	25465
2	198.5	199	199.2	199.2	199.3	199.3	199.4	199.4	199.4	199.4	199.4	199.4	199.4	199.5	199.5	199.5	199.5	199.5	199.5
3	55.55	49.80	47.47	46.19	45.39	44.84	44.43	44.13	43.88	43.69	43.39	43.08	42.78	42.62	42.47	42.31	42.15	41.99	41.83
4	31.33	26.28	24.26	23.15	22.46	21.97	21.62	21.35	21.14	20.97	20.70	20.44	20.17	20.03	19.89	19.75	19.61	19.47	19.32
5	22.78	18.31	16.53	15.56	14.94	14.51	14.20	13.96	13.77	13.62	13.38	13.15	12.90	12.78	12.66	12.53	12.40	12.27	12.14
6	18.63	14.54	12.92	12.03	11.46	11.07	10.79	10.57	10.39	10.25	10.03	9.81	9.59	9.47	9.36	9.24	9.12	9.00	8.88
7	16.24	12.40	10.88	10.05	9.52	9.16	8.89	8.68	8.51	8.38	8.18	7.97	7.75	7.65	7.53	7.42	7.31	7.19	7.08
8	14.69	11.04	9.60	8.81	8.30	7.95	7.69	7.50	7.34	7.21	7.01	6.81	6.61	6.50	6.40	6.29	6.18	6.06	5.95
9	13.61	10.11	8.72	7.96	7.47	7.13	6.88	6.69	6.54	6.42	6.23	6.03	5.83	5.73	5.62	5.52	5.41	5.30	5.19
10	12.83	9.43	8.08	7.34	6.87	6.54	6.30	6.12	5.97	5.85	5.66	5.47	5.27	5.17	5.07	4.97	4.86	4.75	4.64
11	12.23	8.91	7.60	6.88	6.42	6.10	5.86	5.68	5.54	5.42	5.24	5.05	4.86	4.76	4.65	4.55	4.44	4.34	4.23
12	11.75	8.51	7.23	6.52	6.07	5.76	5.52	5.35	5.20	5.09	4.91	4.72	4.53	4.43	4.33	4.23	4.12	4.01	3.90
13	11.37	8.19	6.93	6.23	5.79	5.48	5.25	5.08	4.94	4.82	4.64	4.46	4.27	4.17	4.07	3.97	3.87	3.76	3.65
14	11.06	7.92	6.68	6.00	5.56	5.26	5.03	4.86	4.72	4.60	4.43	4.25	4.06	3.96	3.86	3.76	3.66	3.55	3.44
15	10.80	7.70	6.48	5.80	5.37	5.07	4.85	4.67	4.54	4.42	4.25	4.07	3.88	3.79	3.69	3.58	3.48	3.37	3.26
16	10.58	7.51	6.30	5.64	5.21	4.91	4.69	4.52	4.38	4.27	4.10	3.92	3.73	3.64	3.54	3.44	3.33	3.22	3.11
17	10.38	7.35	6.16	5.50	5.07	4.78	4.56	4.39	4.25	4.14	3.97	3.79	3.61	3.51	3.41	3.31	3.21	3.10	2.98
18	10.22	7.21	6.03	5.37	4.96	4.66	4.44	4.28	4.14	4.03	3.86	3.68	3.50	3.40	3.30	3.20	3.10	2.99	2.87
19	10.07	7.09	5.92	5.27	4.85	4.56	4.34	4.18	4.04	3.93	3.76	3.59	3.40	3.31	3.21	3.11	3.00	2.89	2.78
20	9.94	6.99	5.82	5.17	4.76	4.47	4.26	4.09	3.96	3.85	3.68	3.50	3.32	3.22	3.12	3.02	2.92	2.81	2.69
21	9.83	6.89	5.73	5.09	4.68	4.39	4.18	4.01	3.88	3.77	3.60	3.43	3.24	3.15	3.05	2.95	2.84	2.73	2.61
22	9.73	6.81	5.65	5.02	4.61	4.32	4.11	3.94	3.81	3.70	3.54	3.36	3.18	3.08	2.98	2.88	2.77	2.66	2.55
23	9.63	6.73	5.58	4.95	4.54	4.26	4.05	3.88	3.75	3.64	3.47	3.30	3.12	3.02	2.92	2.82	2.71	2.60	2.48
24	9.55	6.66	5.52	4.89	4.49	4.20	3.99	3.83	3.69	3.59	3.42	3.25	3.06	2.97	2.87	2.77	2.66	2.55	2.43
25	9.48	6.60	5.46	4.84	4.43	4.15	3.94	3.78	3.64	3.54	3.37	3.20	3.01	2.92	2.82	2.72	2.61	2.50	2.38
26	9.41	6.54	5.41	4.79	4.38	4.10	3.89	3.73	3.60	3.49	3.33	3.15	2.97	2.87	2.77	2.67	2.56	2.45	2.33
27	9.34	6.49	5.36	4.74	4.34	4.06	3.85	3.69	3.56	3.45	3.28	3.11	2.93	2.83	2.73	2.63	2.52	2.41	2.29
28	9.28	6.44	5.32	4.70	4.30	4.02	3.81	3.65	3.52	3.41	3.25	3.07	2.89	2.79	2.69	2.59	2.48	2.37	2.25
29	9.23	6.40	5.28	4.66	4.26	3.98	3.77	3.61	3.48	3.38	3.21	3.04	2.86	2.76	2.66	2.56	2.45	2.33	2.21
30	9.18	6.35	5.24	4.62	4.23	3.95	3.74	3.58	3.45	3.34	3.18	3.01	2.82	2.73	2.63	2.52	2.42	2.30	2.18
40	8.83	6.07	4.98	4.37	3.99	3.71	3.51	3.35	3.22	3.12	2.95	2.78	2.60	2.50	2.40	2.30	2.18	2.06	1.93
60	8.49	5.80	4.73	4.14	3.76	3.49	3.29	3.13	3.01	2.90	2.74	2.57	2.39	2.29	2.19	2.08	1.96	1.83	1.69
120	8.18	5.54	4.50	3.92	3.55	3.28	3.09	2.93	2.81	2.71	2.54	2.37	2.19	2.09	1.98	1.87	1.75	1.61	1.43
∞	7.88	5.30	4.28	3.72	3.35	3.09	2.90	2.74	2.62	2.52	2.36	2.19	2.00	1.90	1.79	1.67	1.53	1.36	1.00

n_1

参 考 文 献

［1］吴遵高. 测量系统分析［M］. 北京：中国标准出版社，2004.

［2］AIAG. 测量系统分析［M］. 4 版. 上海：上海科学普及出版社，2020.

［3］中国认证认可协会. 管理体系认证基础［M］. 北京：高等教育出版社，2019.

［4］国际汽车工业组. IATF16949：2016 汽车行业质量管理体系［Z］. 2016.

［5］王敏华. 统计质量控制［M］. 北京：中国质检出版社，中国标准出版社，2014.

［6］费业泰. 误差理论与数据处理［M］. 7 版. 北京：机械工业出版社，2015.

［7］董双财. 测量系统分析：理论、方法和应用［M］. 北京：中国水利水电出版社，2022.